GREAT BREAKTHROUGHS IN PHYSICS

How the study of matter
and its motion changed the world

格物致理

改变世界的物理学突破

[英] 罗伯特·斯奈登◎著　何佳茗　何万青◎译
(Robert Snedden)

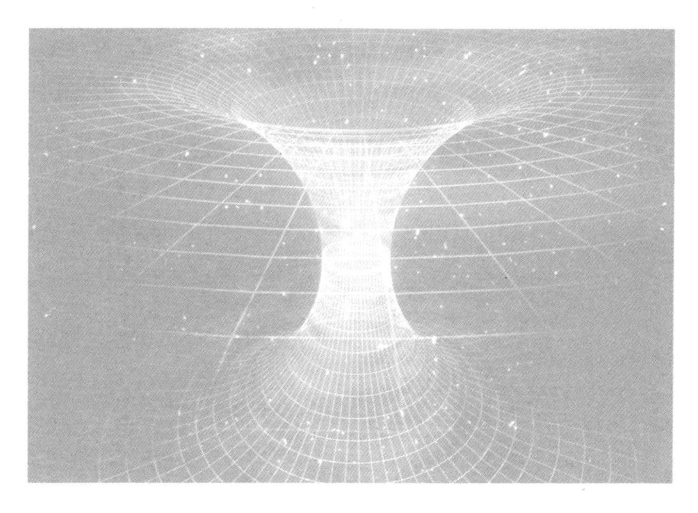

電子工業出版社
Publishing House of Electronics Industry
北京•BEIJING

赞 誉

物理学不是普通的“一门”学科，而是关于这个世界本原的“唯一”学科。在日常的生活和工作中，你可能不会直接用到有关世界本原的知识，但是你有必要知道这个世界到底是怎么一回事儿。本书讲述了古往今来极为聪明的一群人是如何探索世界本原的。学校里那些课本和试题“辱没”了他们的智慧，现在让我们重返发现现场，去体会一下当初的震惊、不解、斗争和纠结吧！上天入地，没有比这更令人激动的事情了。

——万维钢，科学作家，得到 App《精英日课》专栏作者

本书以一种清晰、友好的方式叙述了物理学（有“最硬的科学 " 之称）的历史，化解了所有科普读物都面临的矛盾——“可爱者不可信，可信者不可爱”。作者没有居高临下地罗列一大堆令人生畏的知识成果，而是让读者再度进入到特定的知识语境，与历史上智慧的一群人一起面对事实和逻辑的挑战，重新领略物理学史上一个个知识据点被攻克的过程，这是一种艰难而激动人心的认知历险。正如爱因斯坦所说，“大学教育的价值，不在于记住很多事实，而在于训练大脑会思考”。对于人类格物穷理的历程，本书给出了一个生动的、激发参与感的复盘，不仅刷新了我们对物理学诸多史实的认知，也为我们带来了一堂“训练大脑会思考”的大课。

——吴伯凡，得到 App《认知方法论》主理人

我作为万青的老朋友，一直很羡慕他“啃”各种图书而过目不忘的书虫本事，本书是万青首次与他同样喜欢读书的书虫女儿的联席科普译作，这让我更加“羡慕、嫉妒、恨”了。虽然我现在从事超级计算的研究工作，但我当年高考的提前批录取志愿，填报的其实是北京大学天文学系，这恐怕没有多少人知道。本书以时间为顺序，分为多个主题，深入浅出地向读者系统阐述了近百年来人类探索物理科学发现的脉络。本书采用一种抽丝剥茧、福尔摩斯探案般的叙事架构，对人类从外在现象和内在好奇心入手认识世界、不断突破自身认知局限的过程悉数道来，再配以大量科学史上珍贵的高清照片，读起来引人入胜又值得反复推敲。作者对科学概念的形成过程采用了严谨而准确的描述，并不掺杂个人的评论，这使得本书成为一本常读常新的科普著作。

今天，我们处在一个高速发展的、“科技是第一生产力”的时代。我认为，对忙碌的成年人而言，这本书是理解和重温科学基础知识的“高能钙片”；对青年学生而言，本书将帮助他们更全面地理解书本上那些物理学发现的来龙去脉，而不是仅仅领会和应用理论。我相信，大家会为物理学家在历史上前赴后继的科学探索精神所感动！

——张云泉，中科院计算所研究员，博士生导师，九三学社中央科技专门委员会委员，九三学社中央科普工作委员会委员不要以为只有文学艺术才能够陶冶情操，科学也一样，它能使人站得更高、看得更远。因此，人人都应该掌握一些物理学常识，尽管它或许在你的工作和生活中并不常用。物理学不仅严谨，而且神奇、精彩；物理学家不仅严肃，而且鲜活、生动。这是一本让人拿得起却放不下的书，那一个个峰回路转、惊心动魄的故事及故事中的科学知识，一定会令你心潮澎湃，激起你对科学的崇敬和神往。本书适合每个人阅读，不分文科生或理科生，而且我非常推荐文科生阅读本书。

——王革华，清华大学核能与新能源技术研究院教授

推荐序

激动人心的年代

大年三十这天，一本名为《格物致理：改变世界的物理学突破》的样书快递到了香港。此时，我刚刚回到香港，由于新冠肺炎疫情（以下简称疫情）的原因，面临着长达 14 天的隔离生活。拿到这本书，我马上阅读了前言“从迷信到超级理论”，又简单翻阅了一下后面的章节，感到如获至宝！本书正是我最喜欢读的那类科普书，将带领我穿越物理学史上那些激动人心的年代。

每一个中国学生，无论小学时期上科学课，还是中学时期上物理课，都熟知牛顿与苹果的故事。这个故事让很多学生产生了一个错觉，误以为牛顿真的是被苹果砸到了脑袋才幸运地提出了万有引力定律的，殊不知物理学的突破并非来自看似幸运的“偶然”。牛顿曾经说：“如果说我看得比别人更远些，那是因为我站在巨人的肩膀上。”这句话并不是一般人所理解的谦虚，也不是某些人嚼舌头所说的讽刺，而是牛顿对自己研究的写实。牛顿的研究确实是以哥白尼、伽利略、开普勒等诸多科学家的研究成果为基础的，尤其是开普勒的三大定律，牛顿通过对其进行进一步的数学推演得到了万有引力定律的数学公式。从开普勒三大定律到万有引力定律，起决定作用的是数学方法，而不是苹果砸到了谁的脑袋上。在本书的第三章中，作者按照时间序列让我们看到了物理学中多位巨人带来的突破，以及他们是如何承前启后的，从哥白尼到伽利略，从笛卡儿到惠更斯，再从开普勒到牛顿，最终牛顿发表了《自然哲学的数学原理》，揭开了隐藏在黑夜之中的自然法则。中国的中学生若能够读到本书，将会是幸运的，因为他们将真正站在巨人的肩膀上，理解前人的物理学思维的形成过程，继续去发现和解释自然界中的更多难题。

每一位中国科学老师，总是苦于找不到用准确、客观的语言讲述科学史的书籍，要么科学发现的过程被演绎得面目全非，要么物理学家被“神话”化，仿佛不食人间烟火，要么只是一味地重复那些已经写入课本的“死知识”。每一位科学老师都希望教会学生科学思维、科学方法、科学逻辑、科学态度，但是支离破碎的资料导致老师想用有限的时间去实现这个目标格外困难。本书能够为科学老师提供非常好的教学背景资料，也能帮助从应试教育中走出来的科学老师树立科学研究方法的理念，以便依据科学史去重新理解“观察提问、猜想假设、实验设计、搜集数据、模型解释、发表交流”这样的科学研究方法，更明确地认识“通过实验检验假设”对科学突破的革命性意义，以及“提出问题”和“做出假设”对开启一个科学发现的深远意义。这本书中遍布物理学家对自然现象的一次次敏锐提问、一次次大胆猜想、一次次小心求证。这些案例、这些有据可查的科学突破，是科学老师与求知若渴的学生探讨自然、揭秘宇宙多么好的切入点啊！我仿佛已经看到了师生仰望星空，共同发出与霍金相同的感叹：“我们拥有一生来欣赏宇宙的伟大设计，为此，我们深表感谢！”

14 天的隔离生活转眼就要结束了，我的时空穿越旅行也即将结束，在我痛快淋漓地“走”过科学巨人们的时代后，却不禁忧虑：书中中国科学家的名字被提及的次数太少了。在合上这本译著之时，我眼前一亮，本书的第一译者何佳茗同学的名字映入我的眼帘。在疫情席卷全球时，许多留学生和其家长都在所难免地陷入了恐慌，忙于寻找回国、回家的路，然而，约翰斯·霍普金斯大学一年级的留学生何佳茗却选择留在美国坚持求学。在一个人的漫长暑假中，她又选择了翻译这本著名的科普著作。一个只有 19 岁的女生，已经拥有了怎样的科学禀赋和坚毅品格？19 岁，原本还是和父母撒娇、和男朋友耍赖的妙龄，何佳茗却镇定自若地承担起了科普的重任，把科学的思想传回给祖国的父老乡亲。作为读者，我深表感谢！

如果你问我：“这本书适合什么样的读者阅读？”我只想再次回答，这本书是由一位 19 岁的北京姑娘主笔翻译的。她都翻译好了，你觉得自己会看不懂吗？

姜冬梅

香港青少年科学院终身荣誉院长

中国碳中和发展集团有限公司首席科学家、战略发展委员会主席

2021 年 2 月 22 日于香港数码港

译者序

草蛇灰线，伏脉千里：物理学突破之旅

本书的书名最初被出版社译为《物理之美》，不过随着女儿和我翻译到尾声，我们都觉得整本书展现的气质，有一种“人类征服物理学星辰大海的漫漫征途”的感觉，后来我想起王阳明格物致知“格竹子”的故事，借用过来就有了《格物致理》这个书名。

在翻译过程中，女儿断断续续和我分享了在翻译中发现的本书特点。譬如，每一章都从物理学的一个学科分支的最初起源讲起，而不像一般教科书那样，一上来先给出定律的范式，然后是解释，接下来就是如何用其来分析和求解应用题。本书的介绍方式，回到了人们探索、发现世界奥秘的起点，比如天然磁石的发现可以追溯到公元前 800 年左右的一个叫马格内斯（Magnes）的牧羊人，本书介绍了在铁质的杖尖被磁石吸引后，人们从现象到观察、从观察到实验的过程。因而我们相信，年轻的读者如果抱有好奇心，便能顺着这些引人入胜的线索，跟随前赴后继的“物理学侦探”们抽丝剥茧，逐渐产生对一个学科分支形成的认识，知道物理学的大厦并不是建立在“天才们的想象”之上的，而是实实在在从对自然的观察和生活问题的解决中自下而上“生长”出来的。

本书的另一个特点是，作者采取了一种克制的行文手法，尽可能精确描述物理学突破道路上的事实和转折，通篇不做个人评论，而是配以大量的珍贵的科学史图片，让读者自己扮演那个科学史侦探的角色。作为著作等身的科普作家，罗伯特·斯奈登这样的写法，让我们在翻译的过程中，产生了一种“如果当年我读的物理教科书是这样的该有多好”的感叹。以前，我在英特尔参与过翻译美国同事写的技术书籍的工作，有写书经验的作者常常提到一个共识——说写作水平达到了“Textbook”的水准，这是一种很高的褒扬。因此，在翻译过程中，出版社的编辑和我们特别注意为书中一个个科学史上的人名和名词确定统一和约定俗成的译法，对每一幅高清图片的文字进行详细的翻译。作者为许多重要人物补充生卒年月的严谨写法，为每一段对话添加出处的行文方式，也让这本书格外严谨，我们希望它能够成为一本读时引人入胜，读后置之案头可予查询参考的书。需要提醒读者的是，这本书精美的原理插图和历史照片，有不少是国内其他科普图书无法呈现的，绝对“值回票价”。

感谢电子工业出版社的编辑朋友为我们提供了翻译本书的机会，在2020 年这个特殊的年份，我和留在美国校园读大一的女儿一起隔空做了一件有益的事。在疫情刚开始时，我们经常隔着 12 个小时的时差在深夜对话，相互安慰。她说，普希金在因霍乱被隔离期间写出了《叶甫盖尼·奥涅金》，在焦灼中能够潜心做一件事是非常幸运的。后来，中国的疫情很快就得到了控制，我的很多时间都花在了自己的工作上。从 2020 年 8 月到 12 月，何佳茗完成了本书 2/3 的翻译工作，包括从前言到第 7 章，以及最后的第 12 章的翻译，我则翻译了从第 8 章到第 11 章的内容。

如果读者能够从阅读中获得知识，体验到物理学突破的奇妙历史，则是作者罗伯特·斯奈登的功劳；如果感觉平庸难懂，则也许是我们翻译得不够完美，提前表示歉意。

何万青

2021 年 4 月 1 日

前　言

从迷信到超级理论

“在物理学中，你不需要刻意到处找难题——自然已经提供得够多了。”

——美国理论物理学家弗兰克·维尔泽克（Frank Wilczek, 1951 年—）

从很大程度上来说，科学的目的是解释现实并找到驱动自然现象的基本规则和秩序。物理学是关于物质、能量及两者之间相互作用的科学。换句话说，它是一切的基础，也正如欧内斯特·卢瑟福（Ernest Rutherford，1871—1937 年）所言：“所有科学要么是物理学，要么是集邮。”

物理学与获取知识，以及了解我们周遭的世界息息相关。为了种群的兴旺，我们的祖先通过观察和实验相结合的方式来了解世界是如何运转的。出于生存的迫切需要，人类成了科学家。例如，在制造工具时，人们需要依据工作的性质来选择材料——有些石头能被磨削锋锐，有些则不能。第一批工具制造者不得不通过反复实验来验证猜测。人们需要获得可以被实践的知识并将其传授给他人，于是播下了科学的“第一粒种子”。

人们通过反复实验找到制造工具的合适石材

同样地，早期人类已经意识到了许多自然现象具有可预测的规律性——每天早晨太阳升起，春天总在冬天后出现，抛出的石头永远会掉落在地上。因此我们不难理解，人们在尝试解释这些自然秩序时可能会依靠宗教和魔法。

第一个使用公认的科学方法来思考事物的思想家也许是米利都的泰勒斯（Thales，约公元前 624—约公元前 546 年）。泰勒斯是古希腊七贤之一，他认为所有现象都可以用自然、理性的方式来解释，而非人们普遍认为的超自然力量。要了解世界，必须先了解它的本质或“Physis”（本性，“Physics”的前身）。泰勒斯与其他古希腊哲学家的思想在公开的、批判性的辩论中接受检验，当时所有理论和解释都可能受到挑战。直到今天，这种方式对科学探索仍然影响深远。古希腊科学家与当今科学家的不同之处在于，他们认为没有必要通过实验检验假设——对他们来说，一个合理的、自洽的论点就足够了。

亚里士多德（Aristotle，公元前 384—公元前 322 年）认为所有自然现象都对应着自然法则。他除了对物理学感兴趣，对哲学、逻辑学、天文学、生物学、心理学、经济学、诗歌和戏剧也很感兴趣。亚里士多德的思想影响了西方科学和哲学近两千年，尤其是随着中世纪科学的发展，其思想在欧洲受到极大欢迎，直到 17 世纪初，他的思想才受到伽利略思想的挑战。

随着时间的推移，越来越多的人认为自然现象是由可被发现和理解的自然法则主导的，而非超自然力量。方济各会修道士和学者罗杰·培根（Roger Bacon，约 1214—约 1293 年）是最早提及自然法则概念的人之一。据说，培根劝告人们“不要再被教条与权威统治，看看世界吧！”。培根的独立思想导致他与在科学问题上拥护宗教和亚里士多德权威的天主教教会发生了冲突，以致他因思想异端而入狱 15 年，但他为自然界的科学研究铺平了道路——一切源于实验和理性。

比起做实验，古希腊哲学家更喜欢讨论他们的观点

培根的另一条格言是“数学是通向科学的大门和钥匙”。这在物理学中毫无疑问是正确的，物理学在很大程度上与可测量和可量化的事物有关。数学分析是从实验与观测所得数据中发现意义、规律的可靠方法。在培根时代，数学家开始开发强大的新代数工具，该工具可以用符号表示未知量，并为科学家提供了前所未有的探索事物间关系的方法。在 16 世纪和 17 世纪，身为数学教授的物理学家伽利略・伽利雷（Galileo Galilei，1564—1642 年）和艾萨克・牛顿（Isaac Newton，1643—1727 年）开启了物理“嫁接”数学精准性的新纪元。

培根是最早倡导观察和实验并挑战亚里士多德权威的人士之一

在伽利略和牛顿之前，科学界发生了一场真正意义上的惊天动地的革命，尼古拉・哥白尼（Nicolaus Copernicus，1473—1543 年）否定了宇宙以地球为中心的普遍观点，而主张宇宙以太阳为中心，地球绕着太阳运动。哥白尼还否定了上帝赋予人类以一切造物的中心位置的观点，因此他不可避免地与天主教教会发生了冲突。伽利略因支持哥白尼的观点而被以异端罪名控告，于 1633 年被宗教审判官传唤。在酷刑的威胁下，伽利略放弃了地球围绕太阳运动的观点。据说，伽利略曾挑衅般地喃喃自语：“但地球仍在运动。”

正如培根所预言的那样，数学确实成了研究宇宙物理学的钥匙。约翰尼斯・开普勒（Johannes Kepler，1571—1630 年）利用当时可用的最佳观测数据，在 1609 年证明了行星确实围绕太阳运动，但与之前的发现不同，行星的轨道路径是椭圆形的而不是圆形的。这一发现证明了数据比宗教更重要。开普勒没想到会发现以椭圆形轨道运动的行星，但他仍然选择相信数据和数学原理。

哥白尼因担心可能引起不良反响而推迟数年出版《天体运行论》（*On the Revolutions of the Celestial Spheres*）

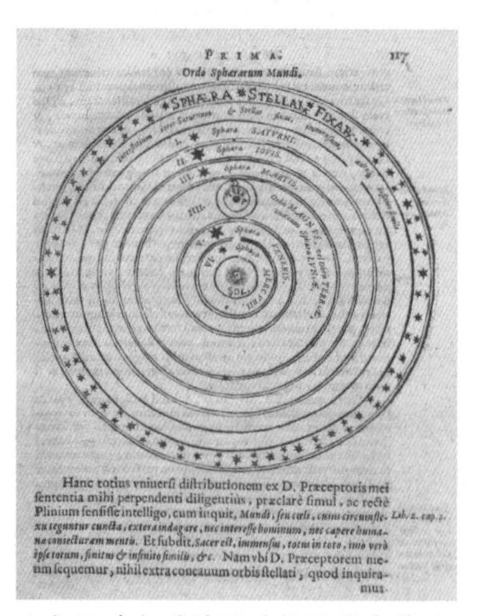

PRIMA. 117

Ordo Sphærarum Mundi.

Hanc totius vniuersi distributionem ex D. Præceptoris mei sententia mihi perpendenti diligentiùs, præclarè simul, ac rectè Plinium sensisse intelligo, cum inquit, *Mundi, seu cœli, cuius circumflexu teguntur cuncta, extera indagare, nec interesse hominum, nec capere humanæ coniecturam mentis.* Et subdit, *Sacer est, immensus, totus in toto, imò verò ipse totum, finitus & infinito similis, &c.* Nam vbi D. Præceptorem meum sequemur, nihil extra concauum orbis stellati, quod inquiramus.

Lib. 2. cap. 1.

人们认为行星的运动轨迹是完美的圆形，直到有数据证实并非如此

随后，牛顿解释了开普勒发现的椭圆轨道。1684 年，天文学家埃德蒙·哈雷（Edmond Halley，1656—1742 年）问牛顿，如果行星被与距离平方成反比减弱的力吸引向太阳，它将如何运动？显然牛顿几年前就已经找到了答案，据说他立即回答：“一个椭圆。”哈雷说服牛顿，让牛顿发表自己的计算结论，于是这个结论在 1687 年被发表，并成为科学史上最有影响力的成果之一。牛顿的《自然哲学的数学原理》（*Philosophiae Naturalis Principia Mathematica*）或简称为《原理》，阐明了牛顿对力和质量的定义及三个运动定律。在该书的第三部分中，牛顿

提出引力无处不在，作用在所有物体之间，引力大小与它们质量的乘积成正比，与它们之间距离的平方成反比，由此解释了开普勒揭示的行星运动规律。

在牛顿提出无与伦比的洞见之后，科学家开始认同一切事物是可以被量化和理解的。牛顿提供了一个框架，在这个框架下，清晰的理性世界观得以建立。

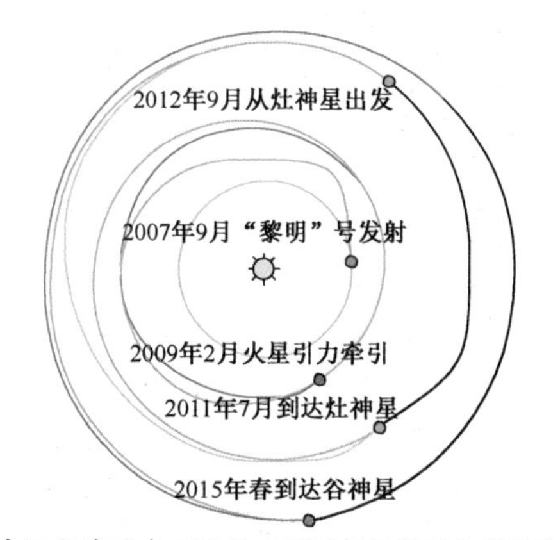

牛顿定律的准确性足以预测航天器的飞行轨迹

1812 年，皮埃尔-西蒙·拉普拉斯（Pierre-Simon de Laplace，1749—1827 年）发表了一篇关于宇宙决定论的论文：《概率分析理论》（*Essai philosophique sur les probabilités*）。他想象了一个超智能的存在——以“拉普拉斯妖”（Laplace's Demon）之名为人所熟知，其可以在一瞬间知道宇宙中所有物体的位置和速度，以及作用在它们上面的力，并且能通过这些数据计算物体在未来的位置与速度。

直到 19 世纪末，物理学大多是在完善机械宇宙观。18 世纪，工业革命中蒸汽机的发明促进了热力学的发展，科学家和工程师开始寻找各种方法“榨干”机器的能效。热、能量与功的性质得到了前所未有的彻底研究。

在这些研究中，诞生了伟大的概念“熵”（系统中无序的量度，热力学第二定律所包含的思想——熵总是趋于增加），以及“平衡态”与“不可逆”的概念。这些概念共同指向宇宙的最终崩溃，也就是宇宙学家亚瑟·爱丁顿（Arthur Eddington，1882—1944 年）所说的“热寂”的最终状态。

爱丁顿在传播有史以来最伟大的物理学家之一——阿尔伯特·爱因斯坦（Albert Einstein，1879—1955 年）的思想中发挥了重要作用。在爱因斯坦之前，时空只是物理

拉普拉斯设想了一个超智能的“小妖”，可以预测宇宙未来的形状

学家所关注事件的发生背景。相对论改变了这一点。1864 年左右，詹姆斯·克拉克·麦克斯韦（James Clerk Maxwell，1831—1879 年）从电磁学的基础常数中预测了光速。1905 年，爱因斯坦发现对于所有观察者来说，光速必须保持不变，并且从这个看似简单的前提出发，得出了涉及时空伸缩的无可争议的结论。正如爱因斯坦曾经的老师［译者注：赫尔曼·闵可夫斯基（Hermann Minkowski）］所说：“此后，空间和时间本身注定要蜕变为纯粹的幻影，只有两者的结合才能保持独立的现实。”爱因斯坦证明了引力实际上是时空因嵌入其中的物质而弯曲的结果，而不是牛顿所设想的力。正如美国物理学家约翰·阿奇博尔德·惠勒（John A rchibald Wheeler，1911—2008 年）的简洁描述：“时空告诉物质如何运动，物质告诉时空如何弯曲。”

20 世纪初，人们看待宇宙的方式发生了深刻的变化，这是一个科学分水岭，它将物理学划分为经典物理学和量子物理学。一些物理学家甚至认为爱因斯坦的相对论属于“经典物理学阵营”，而非严重偏离经典物理学。但是，爱因斯坦对量子时代的发展起到了积极作用。

1905 年，爱因斯坦发表了他对光电效应的定义：金属表面在光辐射作用下发射电子的效应。他为此使用了马克斯·普朗克（Max Planck，1858—1947 年）五年前引入的物理学概念——能量不是连续的，而是以离散的小份（被称为量子）出现的。

量子是物理学革命的“种子”。尼尔斯·玻尔（Niels Bohr，1885—1962 年）、沃纳·海森堡（Werner Heisenberg，1901—1976 年）和埃尔温·薛定谔（Erwin Schrödinger，

1887—1961 年）等科学家在开始探索其意义时，建立了一种宇宙观，认为宇宙中没有什么是确定的，光可以作为波与粒子同时存在，在完全相同的实验中可能会产生不同的结果，在测量之前物质的属性没有实际意义。就量子物理学而言，没有“真实的”世界，只有充满各种可能性的无定形海洋。

物理学面临的最大挑战之一是找到一种方法，一种所谓的“万物理论”来协调量子域的基本力与爱因斯坦的宇宙的引力和扭曲的时空。迄今为止，这一目标被证明是遥不可及的，斯蒂芬·霍金（Stephen Hawking，1942—2018 年）和爱因斯坦等物理学家尽最大努力也无法接近它。霍金认为，包罗万象的超级理论将永远遥不可及，因为人类对现实的认识总是不完整的。然而霍金对此并不感到沮丧，他说：“我们拥有一生来欣赏宇宙的伟大设计，为此，我们深表感谢！”

在本书中，我们将仅介绍物理学在“理解”这一伟大设计过程中的一些发现。

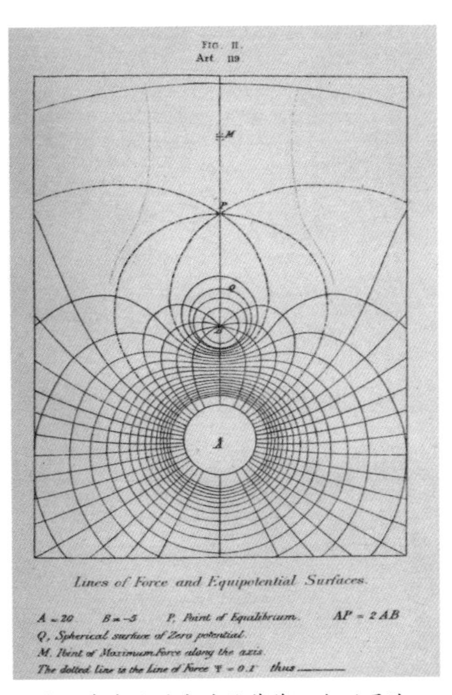

麦克斯韦在他的突破性著作《电磁通论》（*Treatise on Electricity and Magnetism*，1873 年）中绘制出了力线

Contents 目录

第一章

物理吸引力

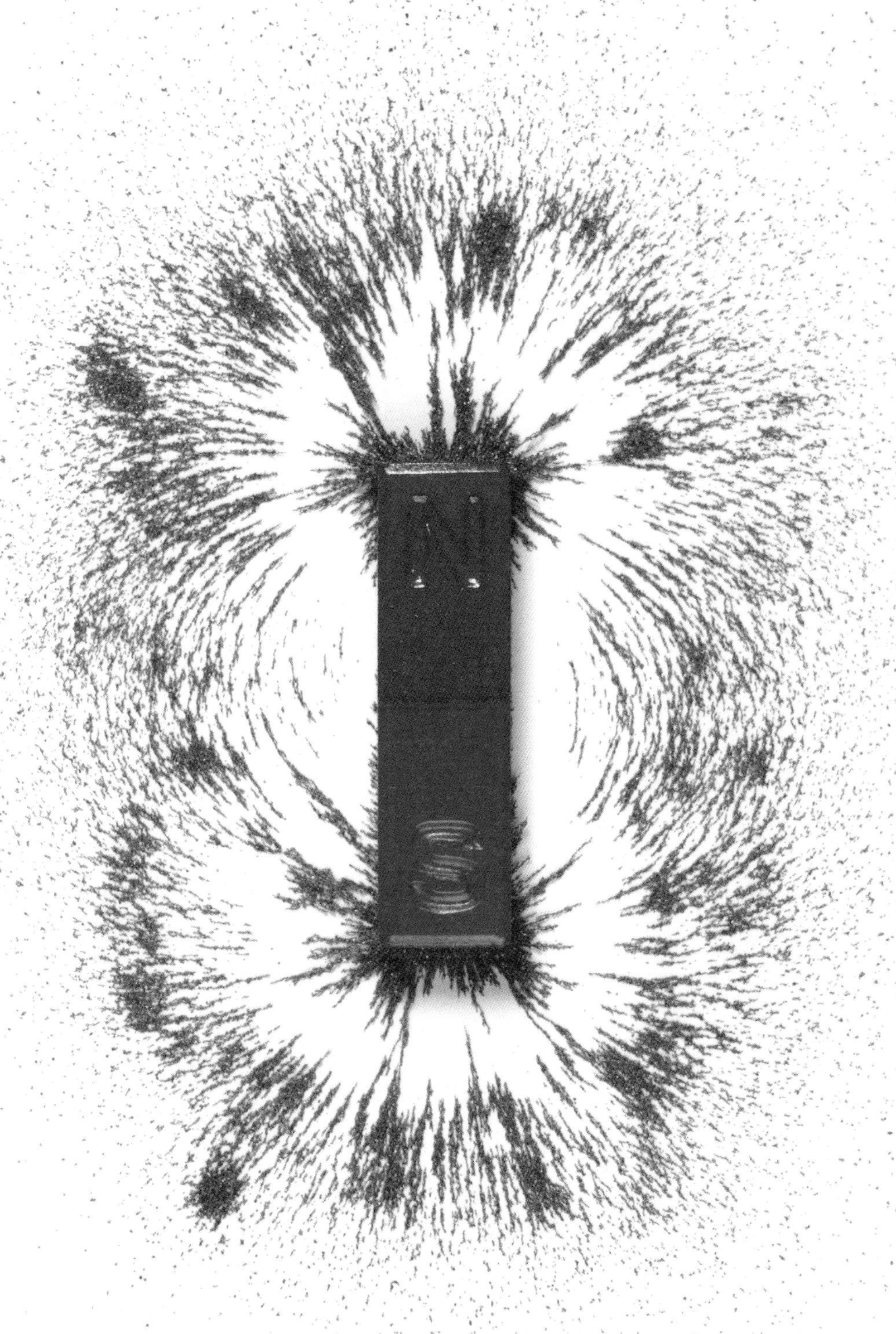
N
S

物理吸引力

发现磁性时间表	
公元前 6 世纪	古希腊哲学家泰勒斯发现天然磁石对铁有吸引作用。
公元前 4 世纪	中国人把天然磁石当作算命工具。
1088 年	中国科学家沈括提出天然磁石具有磁化铁的能力。
1190 年	亚历山大 · 内克姆（Alexander Neckam）记录了东方水手使用磁针导航的情况。
1269 年	马里古特（Maricourt）在《关于磁石的书信》中完整描述了磁性。他介绍了磁极的概念，命名了磁铁的南极和北极。
14 世纪	航海罗盘成为常用仪器。
1544 年	乔治 · 哈特曼（Georg Hartmann）记录了观察到的地磁北极与地理北极的差异——磁偏角。
1600 年	威廉 · 吉尔伯特（William Gilbert）出版了《论磁》，这被大多数人称为实验物理学的第一部著作。他认为地球本身是个巨大的磁石，其磁场使地球自转并使月球保持在轨道上运转。
1698 年	哈雷登上帕拉莫尔号帆船探险，绘制了一张大西洋磁场图。

磁现象已经有数千年的历史了。在公元前 4 世纪，中国人不用“指南针”来指路，而是用它来确保房屋朝向“吉祥”的方位，这些“算命工具”使用了来自磁铁矿的天然磁石。在欧洲，有关天然磁石的描述可追溯到古希腊哲学家、科学家泰勒斯。公元前 6 世纪，他注意到天然磁石有吸引铁的能力。

泰勒斯还观察到，用毛皮擦拭一块用化石树脂制成的琥珀后，琥珀可以吸引羽毛或稻草碎片之类的小物体，这种现象实际上是由静电引起的。磁石和琥珀吸引力之间的关系在两千多年间一直没有被揭示。

天然磁石的磁性是一个难以解释的谜。泰勒斯认为，磁铁具有“灵魂”，因为它能够使其他物体运动，所以它具有生命。古希腊思想家德谟克利特（Democritus）辩称，天然磁石能够发射粒子或“流出物”，从而在空间中形成了一个空洞，而其他物体急于填补这个空洞。那么为什么天然磁石除了铁不吸引其他物质呢？德谟克利特的追随者卢克莱修（Lucretius）解释道，其他物质（如黄金）太重了，不会移动，而较轻的物质（如木材）则使“流出物”直接通过，因此“流出物”不会被反射回去并清除两种物质之间的空气。

传说，牧羊人马格内斯发现了磁石的磁性

普林尼（Pliny，约公元 23—79 年）写道：“哪种现象更令人惊讶？自然大胆地赋予哪一者更神奇的能力？能够使万物臣服的铁，竟一跃而起拥抱磁石。”普林尼

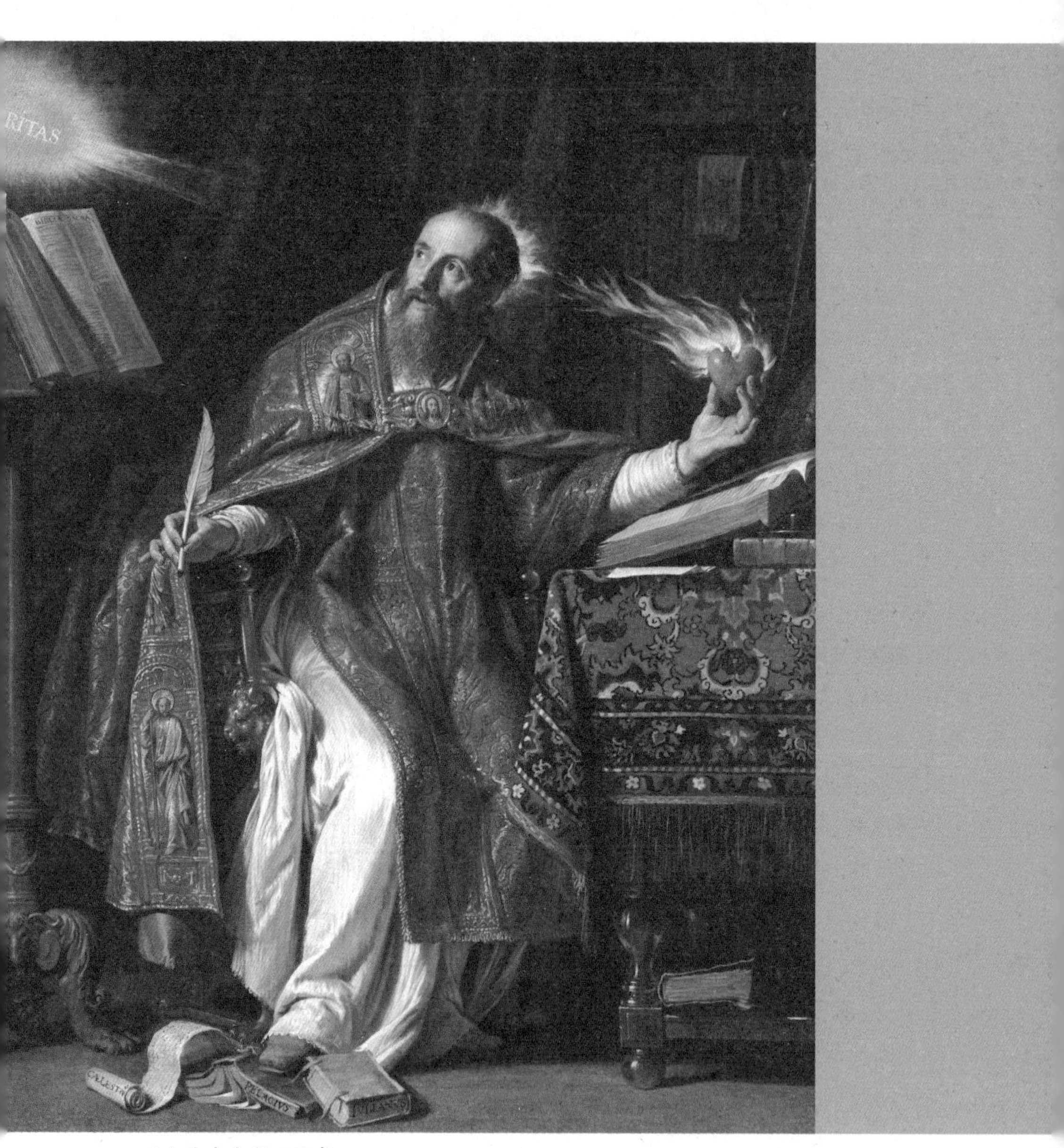

磁力使奥古斯丁困惑

讲述了一个故事。在公元前 800 年左右，古希腊北部有一个叫马格内斯（Magnes）的牧羊人，他惊讶地发现铁质的杖尖和鞋钉被一块岩石吸住了。马格内斯用自己的名字为所在的古希腊地区命名，称之为马格内斯亚（Magnesia），于是他发现的现象就被称为“磁性”（Magnetism）。

早期的基督教哲学家奥古斯丁（Augustine，公元 354—430 年）在第一次见到磁石能吊起一串铁环，并能在银盘下方移动银盘上方的一块铁时感到十分惊讶。同时他很困惑，因为稻草无法被磁石移动，却可以被琥珀吸引。

铁本身可以通过接触磁铁矿而被磁化，这个重要的发现已有数百年的历史了。1088 年，中国科学家和数学家沈括（1031—1095 年）提到了这种能力。英国神学家内克姆在 1190 年也提到了这种能力。内克姆的著作《物性论》（*De Naturis Rerum*）记录了东方水手使用磁针导航的情况。14 世纪，英国海军经常使用航海罗盘。克里斯托弗·哥伦布（Christopher Columbus）在 1492 年前往美洲时就携带了一个航海罗盘。

马里古特

13 世纪的法国工程师马里古特是中世纪少数系统性进行磁场实验的人之一。他在 1269 年完成的《关于磁石的书信》（*Epistola de magnete*）中对磁性进行了综合描述。他介绍了如何制作指南针，并告诉读者：“利用这种仪器，您在陆地上或海上可以到达已知经度和纬度的任何城市和岛屿，以及任何您想去的地方。”

在磁铁实验中，马里古特将铁针放在球形磁铁上，沿磁针指向的方向画线，由此找到了确定磁极及磁铁吸引和排斥效应的方法。通过将磁针移动到不同的位置并重复此过程，他发现所画线条汇聚在球体上彼此相对的两个点上。他将这两个点描述为极点（Polus），他介绍了磁极的概念，还命名了磁铁的南极和北极。他观察到强磁体具有逆转弱磁体极性的能力，他提出相反的磁极互相吸引而相似的磁极互相排斥。他还指出，在将磁铁一分为二后，每一部分又会有自己的南极和北极。

马里古特等中世纪哲学家对磁石的特性着迷

磁偏角和磁倾角

用指南针导航的人会发现，指南针所指的方向并不完全是地理上真正的北方，所以必须为此偏差留出余量。哥伦布在他 1492 年的航行中记录了他在罗盘读数中注意到的变化。

早期的探险家很可能也注意到了这一差异。地磁北极与地理北极方向的差异在地球表面各处不同，这一现象被称为磁偏角。纽伦堡牧师哈特曼在 1544 年的信件中记录了他的观察结果，即 1510 年纽伦堡的磁偏角为东经 10° ，而罗马的磁偏角为东经 6° 。

14 世纪，罗盘成为舰载导航员必不可少的辅助工具

哈特曼在信中还提到了他的发现，即被磁化的针除了可以向北摆动，当它垂直自由移动时还会指向下方。可惜他的信被忽略了，因此他没有得到应有的赞誉。1581 年，伦敦的科学仪器制造商罗伯特 · 诺曼（Robert Norman）发表了一篇作品，描述了他在 1576 年独立发现的磁偏角现象。

诺曼还制作了用于船舶远洋的罗盘。这些罗盘是通过磁石磁化铁针，然后将其平衡在支架上制成的。他注意到这样做时，罗盘磁针的指北端始终略微向下倾斜，这迫使他在另一端增加了较小的平衡重。他开始更彻底地研究这种现象。他进行了实验，将磁针安装在一个小的软木球上，并在该软木球上配重以使其具有中性浮力，这样木球在水中既不会沉底也不会漂浮到顶部，然后将其浸入水中以抵消重力作用。这时磁针仍指向北，并向下倾斜——向北吸引磁针的力量将磁针拉向地球方向。诺曼对此感到疑惑，虽然他没有找到导致磁针倾斜的原因，但他已迈出了探索磁场的第一步。

《论磁》

诺曼于1600年左右去世。1600年，吉尔伯特（1544—1603年）发表的著作极大地丰富了人们对磁性的认识。人们很难确定现代科学的起点，或许是哥白尼提出的日心说，或许是17世纪初伽利略在机械和天文方面的发现，也可能是物理学和实验科学的一部伟大著作的出版：《论磁》。吉尔伯特的六卷《论磁》是对磁性进行系统性研究的开端，自此科学进入了新时代。

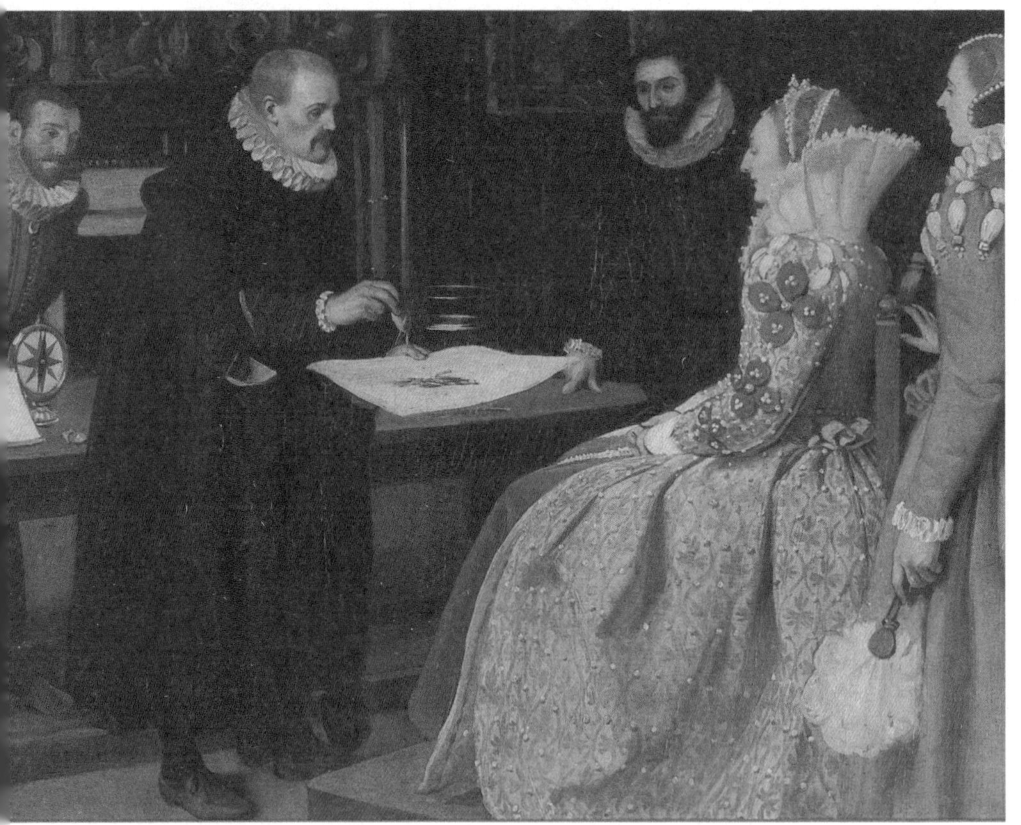

吉尔伯特向伊丽莎白一世展示他的发现

吉尔伯特大约在 1580 年至 1600 年对磁性进行了研究，那时他的医生职业生涯非常成功（他于 1599 年成为皇家内科医师学院院长，并于 1601 年被任命为伊丽莎白一世的御医）。

《论磁》被大多数人称为实验物理学的第一部著作。吉尔伯特因严谨地开展实验而被誉为现代科学方法的先驱之一。他在《论磁》的序言中写道："在调查事物隐秘的成因时，更强有力的证据往往来自确凿的实验与清晰的论据。"

吉尔伯特承认自己参考了佩雷格里努斯的研究成果，不过他发现关于磁性的已有文献有所欠缺，于是着手亲自研究。他使用球形磁石（被称为"特雷拉"或"小地球"）作为地球模型进行了实验。（如今的科学家在真空室内使用"特雷拉"以模仿地球磁场对宇宙射线粒子和太阳风的影响。）

通过在"特雷拉"表面上移动小罗盘针，吉尔伯特观察到针的方向在不同地方发生了变化。他证明了"特雷拉"有南北两极，并且针尖越靠近极点，倾斜越大，就像水手用的指南针在地表上倾斜一样。关于吸引罗盘针的磁力来源的猜测不少，比如北极星的影响，或北极附近存在某个尚未被发现、带有磁性的岛屿，但吉尔伯特大胆断言整个地球就是一

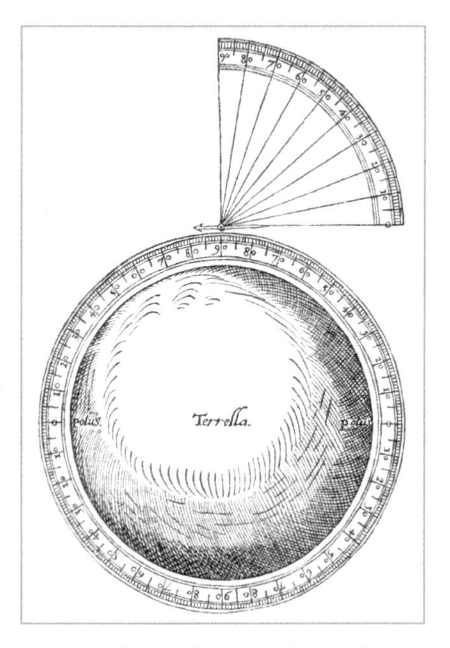

《论磁》中的一张插图，展示了如何用"特雷拉"测量磁偏角

块巨大的磁石。他将磁北极定义为磁针垂直向下指向的地方。

吉尔伯特明白磁极可以根据极性互相吸引或互相排斥。但是，他还注意到普通的铁总是被磁铁吸引，从不会被排斥。他推测，当铁靠近永磁体时会被暂时磁化而拥有极性，从而被永磁体吸引。换句话说，在铁棒靠近永磁体南极的一端时其暂时变成了磁北极。磁极永远不会单个存在，因此，铁棒的另一端暂时变成了磁南极，并能够吸引更多的铁。要想做到这一点很容易，只要用磁铁吸起一些回形针即可——很明显并非所有回形针都直接与磁铁接触。吉尔伯特将两根平行的铁杆悬挂在“特雷拉”上方，铁杆彼此排斥，这证实了他的猜测——铁杆变成了具有相同极性的临时磁铁。

吉尔伯特在《论磁》中提出了地球自转的观点，而磁性是导致地球自转的原因。他写道：“如果地球不再每天自转，太阳就会烧焦地球，将其向阳侧变成粉末……而在其他地方，一切都是恐怖的，所有东西都会因极寒而变得僵硬……地球通过奇妙的磁能，不断地追逐着太阳。”几十年前吉尔伯特没有完全认同哥白尼的地球绕太阳运转的观点，但他在后来的著作中写道，地磁引力使月球保持在轨道上绕地球运转，月球的吸引力对潮汐产生影响。

吉尔伯特的实验还揭示了电与磁之间的区别，他使用自己发明的灵敏的静电验电器对电现象进行了实验。吉尔伯特总会准确地介绍他的设备和实验装置，以便其他人复制它们并亲自确认自己的发现。这是几个世纪以来的巨大突破，正如吉尔伯特所言：“很多现象从来没有从实验中得到证明……因此，没有产生任何成果……因为哲学家大多不是研究者，难以对事物有充分的认识……”

磁测绘

科学家竭力想要解释地球的地磁北极和地理北极为何不在同一地点。导航员在海洋上划定航线，依靠的是磁罗盘，因此他们必须了解两者之间有多大差异。在 1635 年，英国数学家亨利·盖利布兰德（Henry Gellibrand，约 1597—1636 年）证明了磁极和地理极之间的差异不是恒定的，而是随时间变化的。这意味着导航员无法完全依赖磁罗盘，因为它将在几十年后变得不准确，必须重新校准。这种变化的原因完全是个谜，如果地球确实是一块磁铁，那么它和任何一块其他的磁铁都不一样。

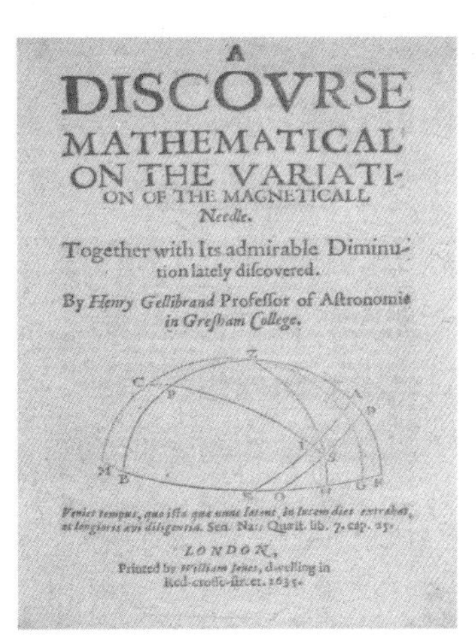
A
DISCOVRSE
MATHEMATICAL
ON THE VARIATI-
ON OF THE MAGNETICALL
Needle.

Together with Its admirable Diminu-
tion lately discovered.

By Henry Gellibrand Professor of Astronomie
in Gresham College.

Veniet tempus, quo ista quæ nunc latent, in lucem dies extrahat,
et longioris ævi diligentia. Sen. Nat. Quæst. lib. 7. cap. 25.

LONDON,
Printed by William Jones, dwelling in
Red-crosse-street. 1635.

盖利布兰德关于磁极和地理极著作的标题页

1692 年，因哈雷彗星而闻名的物理学家和天文学家哈雷提出了富有创造力的猜想。他声称地球不是一个坚固的岩石球，而是由外壳和内核构成的。哈雷提出地球实际上有四个磁极，一对在外磁壳轴线的两端，另一对在内磁核轴线的两端。两部分被独立地磁化，相对缓慢地旋转，这就能解释为什么磁极会逐渐“漂移”了。后来的研究证实了哈雷的猜测。地震研究表明，地球确实具有分层结构，固态内芯和

物理学家、天文学家哈雷

高斯设计了一种测量地球磁场强度的方法

液态外芯之间的自旋速率的差异可能是产生地球磁场的原因。

哈雷在绘制整个地球表面的磁偏角图方面开展了广泛的研究。他认为磁偏角的变化是确定导航仪经度（测量某地以东或以西的位置）的关键。他坚信，在确定磁偏角的东西向变化后就可以确定经度。如果没有可靠的确定经度的方法，导航员将永远无法确定船只在海洋上的位置，确定位置对勘探和贸易至关重要却悬而未决。当时，航海大国会向能够解决这个问题的人提供可观的奖励。

1698 年，哈雷登上一艘名为帕拉莫尔号的帆船进行探险，以绘制大西洋磁场图。哈雷在迷雾和冰山的危险中存活，并绘制出了一张磁场图。尽管这张磁场图不能确定经度（因为其变化随时间波动），但它在整个 18 世纪仍被广泛使用。哈雷的磁场图率先采用等磁差线（在当时被称为“哈雷线”）来连接磁差相等的点。

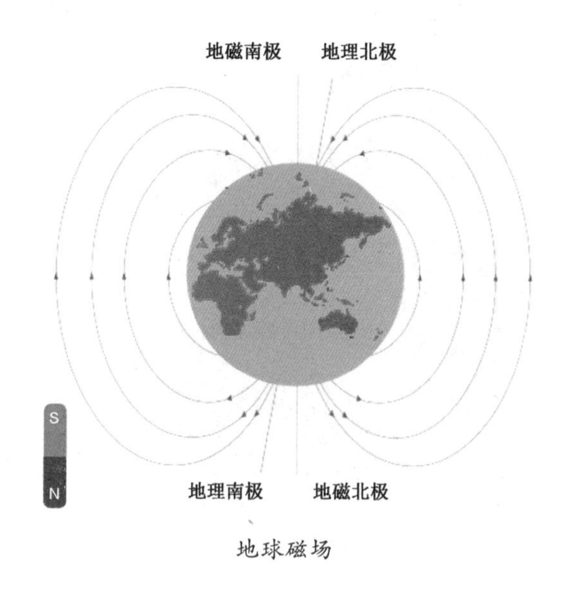

地球磁场

卡尔·弗里德里希·高斯（Carl Friedrich Gauss，1777—1855 年）是德国哥廷根大学的数学教授。1828 年，他参加了在柏林举行的一次会议。博物学家亚历山大·冯·洪堡（Alexander von Humboldt，1769—1859 年）向高斯展示了他收集的磁性仪器并鼓励他研究磁现象。高斯与他的助手威廉·韦伯（Wilhelm Weber，1804—1891 年）发现使用辅磁不仅可以测量地球磁力的方向，还可以测量它的大小。由此，一个全球性的天文台网络得以建立，每台仪器都可以在当地独立进行校准。

天文台网络的读数可以通过被称为球谐分析的精确的数学方法来整合，从而建立精准的地球磁场图。如今，地球磁场模型主要来自卫星数据。

哥廷根的高斯天文台

第二章

经典气体

经典气体

气体理论时间表	
1609 年	扬·巴普蒂斯塔·范·海尔蒙特（Jan Baptist van Helmont）发现在无空气条件下加热煤会产生“野气”，也就是甲烷，一氧化碳和氢气的混合物（如今的煤气）。
1643 年	埃万杰利斯塔·托里拆利（Evangelista Torricelli）发明了气压计。
1653 年	理查德·汤利（Richard Towneley）与亨利·鲍尔（Henry Power）通过实验发现山顶的气压低于山脚的气压。
1662 年	罗伯特·波义耳（Robert Boyle）发现在定量定温下，气体的压力翻倍，体积则会减半，这也就是波义耳定律。
1783 年	让-弗朗索瓦·皮拉特尔·德·罗齐埃（Jean-François Pilâtre de Rozier）乘坐蒙哥尔费兄弟设计的热气球飞过巴黎上空。
1787 年	亚历山大·塞萨尔·查理（Alexandre Cesar Charles）确定了气体体积与温度的关系，即查理定律。
1801 年	约瑟夫·路易斯·盖-吕萨克（Joseph Louis Gay-Lussac）发现当气体的质量与体积恒定时，气压会根据其温度变化。

气是古希腊的四元素之一（其他三个是土、火和水），但人们直到 17 世纪才开始对气体的性质进行真正的研究。“气”（Gas）一词很可能是 17 世纪的化学家范·海尔蒙特（1580—1644 年）提出的，是希腊语“混沌”（Chaos）的荷兰语发音。在此之前，所有的气体都被认为是空气的一种。范·海尔蒙特指出，在一些化学反应中产生了类似于空气但性质与空气不同的物质。在一次实验中，他燃烧了 28 千克木炭，发现仅剩半千克的灰烬，他得出的结论是，其余部分以“野气”形式逸出。他在 1609 年介绍了这项发现，即在没有空气的情况下加热煤会产生某种气体，这种气体就是如今的煤气，也就是甲烷、一氧化碳和氢气的混合物。在 18 世纪和 19 世纪，煤气为家庭和工厂提供照明。

范·海尔蒙特使用“气”（Gas）一词

汤利的假设

1661 年，热衷于天文学和气象学研究的汤利，与哲学家、化学家、物理学家波义耳（1627—1691 年）取得了联系。几年前，汤利与他的医生朋友鲍尔一起将气压计带到了 557 米高的彭德尔山山顶，他们发现山顶的气压低于山脚的气压。他们还发现同量的空气在较低压力下体积较大，而在较高压力下体积较小。

波义耳对此很感兴趣，他招募了才华横溢的科学家和发明家罗伯特·胡克（Robert Hooke，1635—1703 年）作为助手，来研究汤利的假设。此时鲍尔已在著作《实验哲学》（*Experimental Philosophy*）中写下了自己与汤利的发现，只是尚未出版。但波义耳在看过此书的手稿后，仍坚持将此发现全部归功于汤利。更不幸的是，当鲍尔在 1663 年发表其著作时，波义耳在科学界的地位更加显赫，他的名字已然与确定气体压力和体积之间关系的定律建立了不可磨灭的联系。

气压计

气压计可作为家用预测天气的工具

气压计被大多数人认为是由伽利略的学生、意大利物理学家托里拆利（1608—1647 年）发明的。在 1643 年的一次实验中，托里拆利在一个玻璃管里注入汞，将其一端密封，并将开口端向下倒置于一个也充满了汞的小盆中。他观察到管中的汞柱能够保持在约 76 厘米的高度，而不会流入盆里。托里拆利正确地推断出大气压推动着盆中的汞，导致管中的汞的高度高于盆中的。后续实验表明，汞柱的高度随海拔和不同天气条件下大气压的变化而变化。大约在 1647 年，法国哲学家勒内·笛卡儿（René Descartes，1596—1650 年）在管上标注上了刻度，以便于记录汞柱高度的变化。笛卡儿与物理学家布莱士·帕斯卡（Blaise Pascal，1623—1662 年）想知道如果实验在山顶进行，将会发生什么。于是大约在 1648 年，帕斯卡的姐夫弗洛林·佩里尔（Florin Perier）来到法国多姆山海拔 1465 米的山顶，证明了山顶的汞柱高度确实比山下的克莱蒙镇的汞柱高度低几厘米。托里拆利的发明很快成为测量高度及监测和预测天气的实验仪器。波义耳在 17 世纪 60 年代将其命名为“气压计”（Barometer），意为“测量气压的仪器”。

气压计读数显示，山顶的气压比山脚的气压低

波义耳定律

胡克的实验和测量结果证实了鲍尔和汤利的发现，波义耳十分满意，并在 1662 年发表了研究成果。波义耳认为空气由可以压缩的一圈圈颗粒组成，当压力释放时这些颗粒会回弹。他写道：“我们周围的空气具有弹性。”他的实验装置简单而优雅：使用一端密封的 J 形玻璃管，将汞倒入玻璃管的开口端，将少量空气困在试管的密封端。已知大气压可以承受 76 厘

米的汞，于是波义耳测量了他对管内空气施加的压力。波义耳的实验明确了一种简单的关系：如果温度恒定，压力加倍，则气体体积会减少一半；如果压力增加三倍，则体积会减少到1/3，依此类推。换句话说，对于压力 P 和体积 V，在恒定温度 T 下，$PV = \mathrm{k}$（常数），这就是被称为波义耳定律的等式。

由于波义耳名气很大，因此气体的压力与体积关系的定律以他的名字命名

波义耳明白气体在加热时会膨胀，但是他没有可靠的测量温度的方法，因此无法确定气体的体积与温度之间的关系。查理在距离波义耳提出定律的约一百年后确定了气体体积与温度之间的关系。

气球冒险

17 世纪末，法国物理学家纪尧姆·阿蒙顿（Guillaume Amontons，1663—1705 年）研发了空气温度计。测量的温度与压力成比例变化，这种关系被称为阿蒙顿定律：P / T =常数。根据阿蒙顿定律，提高固定体积气体的温度会增加其压力。阿蒙顿定律解释了为什么在长途旅行之前要先调整汽车轮胎的压力。因为轮胎在路面上的摩擦使其内部的空气升温，会导致轮胎内部的气压增加。

1783 年，蒙哥尔费兄弟取得了举世瞩目的成就，他们向空中放飞了一个被热空气送上高空的热气球。化学和物理老师罗齐埃乘坐热气球在高空停留了将近 4 分钟，他成为第一个体验空中飞行的人。大约一个月后，在法国军官达兰德斯侯爵的陪同下，罗齐埃乘坐热气球进行自由升空。两人花费了长达 25 分钟的时间从巴黎市中心飞到了郊区，全程约 9 千米。

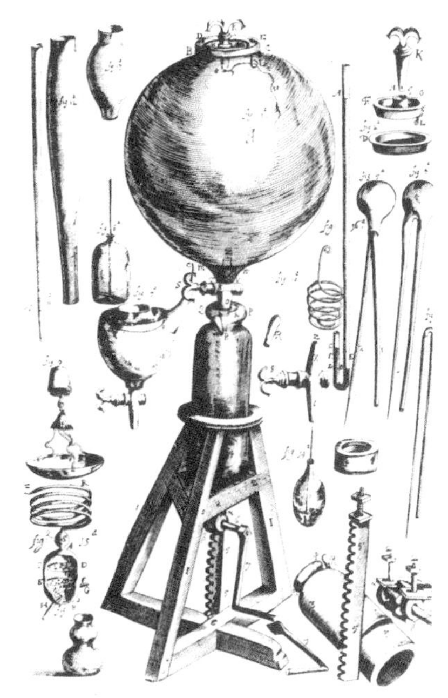
波义耳发明了改良版空气泵，对他的气体实验产生了极大的帮助

在蒙哥尔费兄弟研究热气球时，数学家、物理学家和发明家查理发现了另一种放飞气球的方法。在第一次自由飞行的几天之后，查理在巴黎杜乐丽花园举行了盛大的仪式，并放飞了第一个载人氢气球。尼古拉斯·路易斯·罗伯特（Nicolas Louis Robert）陪同查理进行了持续两个多小时的飞行，总共飞行了约 36 千米，飞行高度为 500 多米。本杰明·富兰克林（Benjamin Franklin）目睹了气球升空的过程，他写道："我观察到气球以最雄伟的方式升空了……勇敢的航行者们脱帽致敬观众。我不禁感到无比敬畏与钦佩。"

查理和罗伯特带了一个气压计和一个温度计来测量不同海拔高度的气压和温度，这意味着这不仅是载人氢气球的第一次飞行，还是气象气球的第一次飞行。

1937 年的兴登堡号空难揭示了氢气球的危险性

波义耳在 1671 年用铁和酸进行实验的过程中率先发现了氢气，亨利·卡文迪许（Henry Cavendish，1731—1810 年）将氢归为元素，称氢气为“可燃空气”。很快，人们就发现氢气的密度远低于空气，因此制造比空气轻的气球可能是个危险的选择。

查理受到乘氢气球飞行的启发，在 1787 年左右进行了实验，他观察到气体的体积与温度成正比——V/T=常数，这与阿蒙顿几年前的发现基本相同。气体的温度和体积之间的这种关系——被称为查理定律——解释了热气球是如何飞行的。至少从公元前 3 世纪开始，到阿基米德的“尤里卡时刻”，人们就已经知道如果物体的重量小于流体，则物体会漂浮起来。由于气体在加热时会膨胀，因此质量一定的热空气将比冷空气占据更大的体积。于是按照定义，热空气的密度小于冷空气。当足够多的热空气滞留在气球中，使总密度小于周围空气的密度时，气球开始上升，漂浮在周围较冷、较“稠密”的空气中，就像软木塞在池塘中摆动一样。

盖·吕萨克热衷气球，他乘气球上升到特定高度来验证自己关于大气层成分的猜测

直到1801年，盖·吕萨克（1778—1850年）通过严谨的实验证明了查理定律对多种气体的有效性，查理才发表了自己的研究成果。盖·吕萨克发表的调查结果，完全肯定了查理的早期结论，并把该定律以查理的名字命名。同时，盖·吕萨克也提出了自己的瓦斯定律。

压力定律

盖·吕萨克重申了所谓的压力定律，即如果气体的质量和体积保持恒定，则气体的压力将根据其温度而变化。阿蒙顿早在一个世纪前就确立了压力定律的一般原则，即阿蒙顿定律。我们现在所说的盖·吕萨克定律，通常指的是化合体积定律，该定律规定：当气体相互作用生成其他气体时，所有体积均应在相同的温度和压力下测量，反应气体和产物气体的体积比可以用简单的整数表示。

联合气体定律

很明显，气体定律是相互联系的。波义耳定律将压力和体积联系在一起，查理定律将体积和温度联系在一起，而阿蒙顿定律则将温度和压力联系在一起。这三者共同组成了联合气体定律——PV / T=常数。

符合联合气体定律的气体被称为理想气体。理想气体具有如下特性：

1. 理想气体由大量相同的分子组成。

2. 单个分子本身不占体积。

3. 这些分子遵循牛顿的运动定律，并且随机运动。

4. 这些分子不会互相吸引或排斥。一切碰撞都是完全弹性的，并且碰撞时间可以忽略不计。

实际气体与理论上的理想气体表现非常接近。随着约翰·道尔顿（John Dalton）和阿莫迪欧·阿伏伽德罗（Amedeo Avogadro）对原子理论的研究，关于实际气体表现的描述将更加完整。

第三章

力的世界

力的世界

发现运动定律时间表	
公元前 4 世纪	亚里士多德提出，物体会在力的推动下运动，没有力则停止运动。
11 世纪	阿维森纳(Avicenna)提出，物体会因其“动力”(Impetus，由使其运动的初始力提供）而持续运动。
1543 年	在《天体运行论》一书中，哥白尼将太阳置于宇宙的中心，而不是地球。
约 1609—1619 年	开普勒提出了行星运动三大定律。
17 世纪 30 年代	伽利略发现坠落的物体不论其质量如何，都会均匀地加速，并阐述了关于相对运动和抛射运动的关系。
1644 年	笛卡儿提出了动量的概念。后来克里斯蒂安·惠更斯(Christiaan Huygens）在速率因素之外将运动的方向纳入其中。
1687 年	牛顿出版了《自然哲学的数学原理》，在其中列出了三条运动定律和万有引力定律——物体之间相互吸引，这个力的大小与它们质量的乘积成正比，与它们之间距离的平方成反比。

为什么物体会运动？从表面上看，这似乎是一个非常简单的问题。古希腊人亚里士多德提出，物体只有在某种力量的推动下才会运动，这种力量一旦消失，物体就会停下来——这个解释在逻辑上是成立的。空中的物体会掉落是因为它们需要回到它们在自然中所处的位置，这也解释了为什么烟雾会上升。所有其他类型的运动都需要施加力——不拉犁，犁就不会动。然而，这种观点存在明显的问题。例如，铁饼离开投掷者的手后，会在空中持续飞行一段时间。亚里士多德提出，空气本身提供了推动力，以此来解释这个难题。虽然亚里士多德的观点有不少缺陷，但这些观点在后来的 2000 多年中并没有受到太多挑战。

据说哥白尼在临终病榻上才收到自己著作的复本

在中世纪，阿维森纳（公元 980—1037 年）和让·布里丹（Jean Burida）等学者的学说开始偏离亚里士多德。他们提出，一个物体受到某种力的推动，就会由于所谓的“动力”而持续运动。通过初始力施加在物体上的动力会一直存在，并且只有当另一个相反的力抵消该动力时，运动才会结束。从表面上看，这类似于现代的动量概念，即运动中的物体会持续运动的自然趋势，但是阿维森纳和布里丹视动力为主动推动物体前进的内力，而不是将其视为外力。

一切臣服于太阳

1543 年，波兰天文学家哥白尼出版了《天体运行论》，打破了人们长久以来对世界与宇宙的认识，推动了科学革命。哥白尼指出，假设太阳位于宇宙的中心，那么计算夜空中行星的位置会容易得多。哥白尼提出的一个实际问题（也是根深蒂固的哲学问题）：如果地球不是一切造物的静止中心，而是无时无刻不在太空中乱窜，那么为什么我们感受不到这种运动呢？这种观点似乎违背了常识。哥白尼的新宇宙模型慢慢被传播开来。1835 年

哥白尼的日心说引发了科学意义和社会意义上的革命

之前，《天体运行论》一直被天主教教会列入禁书书单。在哥白尼之前，天文学家认为恒星和行星固定在以地球为中心的透明球体上，并以此来解释它们的运动。哥白尼认为宇宙是由这些嵌套的完美球体组成的，只是它们不再以地球为中心。

17 世纪初，天文学家开普勒对行星运动进行了一系列细致的观察，并得出了轰动性的结论——行星运行的轨迹并不是完美的圆形，而是椭圆形。在伽利略发现木星的卫星后，开普勒发现这些卫星也沿椭圆形路径绕着巨大的木星移动。

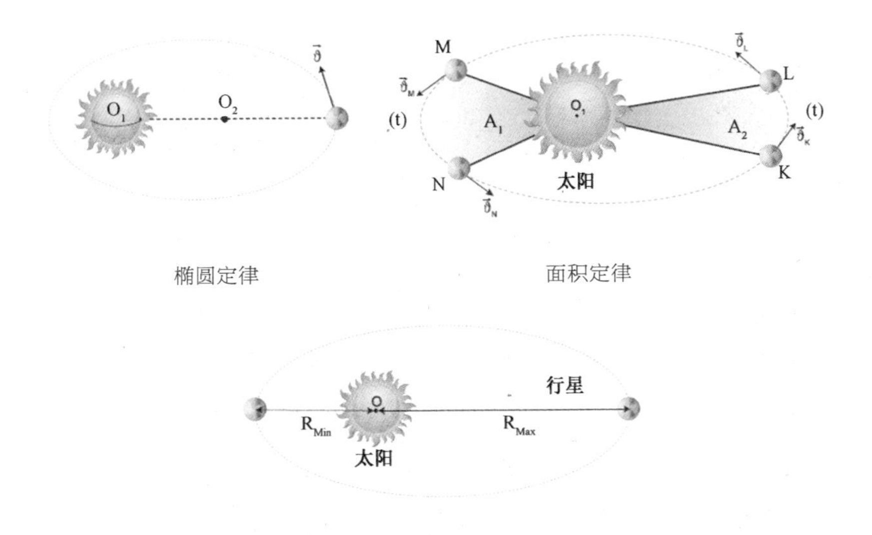

开普勒的行星运动三大定律

1609 年，开普勒发表了第一条和第二条行星运动定律，即椭圆定律、面积定律，1618 年发表了第三条行星运动定律，即调和定律。这些定律描述了行星如何运动，但没有说明它们为何运动。开普勒尝试寻找影响行星运动的力，认为磁场可能与之相关，并且认为这个力一定与太阳有关，但他无法给出令人满意的解释。约 70 年后，牛顿解释了这其中的规律。

伽利略

意大利数学家和科学家伽利略出生于比萨。他年轻时曾在比萨大学学习医学，但很快对数学和物理学产生了兴趣，尤其是对物体的运动方式感到好奇。伽利略认为，仅凭观点和论证还远远不够。伽利略通过研究促进

伽利略是世界上公认的最伟大的科学家之一

了现代科学方法的发展，确立了只有通过严谨的实验才能证明或否定某种观点的方法。伽利略在发表的《关于托勒密和哥白尼两大世界体系的对话》中，捍卫了地球不会在宇宙中心静止不动的观点。

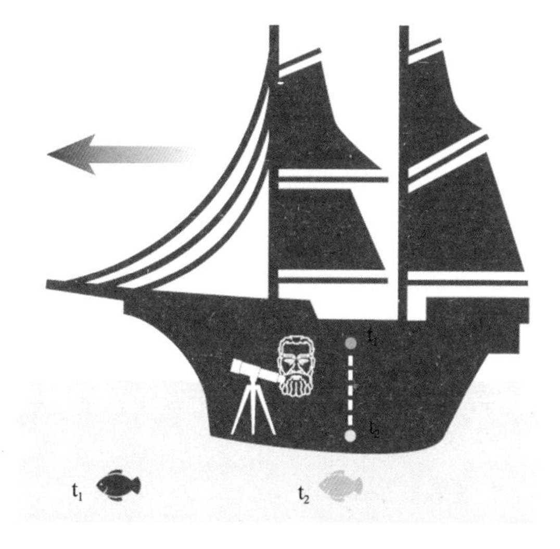

伽利略发现在平滑运动的船的甲板上的实验结果与陆地上的实验结果一致

在 17 世纪 30 年代，伽利略研究了在倾斜平面上滚动的球的运动。他注意到，如果让球从一个平面滚到另一个平面上，则无论斜面倾斜角度多大，球在第二个平面上都将达到它从第一个平面开始时的高度。他由此推断，如果第二个平面是水平的，那么除非受到某种东西阻止，否则球将永远滚动。这与亚里士多德的观点矛盾，亚里士多德的观点是物体需要由一种力量来维持其运动。伽利略意识到，以恒定速率和方向运动的物体与根本没有运动的物体之间并没有实际区别——二者都没有受到外界的力量。在提出这些想法时，伽利略引入了惯性原理，该原理在 50 年后被牛顿正式提出。

伽利略的思想还启发了后世的另一位伟大的科学家爱因斯坦。伽利略认为所有运动都是相对的，并且提出只有相对于其他物体运动的物体才有意义。伽利略假设有一艘在完全光滑的湖面上匀速直线航行的船，船上有一名乘客。乘客在不登上甲板的情况下，用什么方法可以确定船是否在行驶？如果船继续以恒定的速度和方向行驶，那么乘客将不会感觉到它在运动，就像坐在飞机中的乘客不会感觉到飞机在空中飞行一样。

伽利略得出的结论是，在匀速、沿恒定方向行驶的船内进行的力学实验，将与在岸上进行的同样的力学实验结果完全相同，因此就可以肯定该船在运动。从这些观察中，伽利略提出了自己的相对论假设：

> 对于任一力学实验而言，任意两个以恒定速度和方向相对移动的观察者都将得到相同的结果。

这就是为什么我们无法辨别地球在太空中的运动。地球及地球中的所有物体，包括所有正在进行实验的科学家和苦恼的神职人员，彼此都处于相同的运动状态。

匀加速运动

伽利略没有就此止步。此前，亚里士多德认为较重的物体比较轻的物体掉落得更快，这似乎是合理的，不过伽利略对实验证明更感兴趣。伽利略没有简单地将球扔下，而是让它从斜面滚下以充分降低加速度，以便计时（他没有合适的钟表，就以自己的脉搏或钟摆作为计时器）。通过对不同重量的球的下降速度计时，并考虑摩擦的减速作用，伽利略得出结论，即自由下落的物体以与质量无关的速度均匀地加速。更准确地说，他证明了不断加速掉落的物体的掉落距离与掉落时间的平方成正比。羽毛的下落速度比鸡蛋的下落速度慢，仅仅是因为空气阻力对羽毛的影响更大。

伽利略在《关于托勒密和哥白尼两大世界体系的对话》中写道：“据观测，抛射的物体沿某种弯曲路径运动，但没有人提出这个路径实际上就是抛物线（Parabola）。”他发现任何抛射体的运动都是由作用在其上的两个力造成的，即让它运动的初始力和将它拉向地面的力。两种力的结合表明，抛射体必须按照抛物线运动。

伽利略的发现不仅涵盖了落体运动和抛射体运动，而且他还对钟摆的运动进行了分析，为古典力学奠定了基础，也为牛顿发现运动定律（结合了伽利略的思想和引力定律）铺设了道路。

伽利略使用倾斜平面研究运动学

动量守恒

动量的概念，或称物体的运动量，是法国哲学家笛卡儿于 1644 年在《哲学原理》中提出的。运动物体的动量是其质量和速度的乘积。在物体相互作用的系统中总动量守恒，这是物理学的一条伟大定律。起初，笛卡儿无法使其正常运作——两个大小相同的物体，以相同的速率行进，方向相反，它们碰撞后随即停止——每个物体在运动时都具有动量，但是当它们停止运动后，其动量变为零，笛卡儿颇为困惑。荷兰物理学家惠更斯（1629—1695 年）提出，不仅要考虑物体的速率（Speed），还要考虑物体的方向——也就是要考虑它的速度（Velocity）。如果一个物体在一个方向上运动具有正的动量，则一个在相反方向上运动的物体将具有负的动量。一个由两个质量相等的物体组成的系统，以相同的速率向相反的方向运动，一个动量抵消了另一个动量，总动量为零。换句话说，当它们碰撞并停止时，碰撞之前的总动量与碰撞之后的动量相同，都是零。

动量通常用字母 P 表示，因此动量的定义可以写成 $P=mv$（其中物体的质量为 m 且以速度 v 移动）。P 和 v 都是矢量，即它们不仅有大小，还有方向。

伟大的牛顿

牛顿出生在林肯郡伍尔索普。在他出生的房子里，诗人亚历山大·蒲柏（Alexander Pope）在大理石碑板上刻下了这些文字：

> 自然与自然法则隐藏在黑夜之中。
> 神说：让牛顿去吧！——一切遂成为光明。

笛卡儿提出了动量的概念

在爱因斯坦提出相对论之前，人们对空间中物体运动定律的理解完全基于牛顿。伽利略先前所做的研究属于古典力学的分支——动力学。但是伽利略和开普勒等人，未能成功解释运动的成因。牛顿后来在力学领域（也称动力学，Dynamics）取得了真正的成功。他将伽利略的地球表面落体运动的力学与开普勒的天体力学联系起来，建立了一个统一的运动系统。

1687 年，《自然哲学的数学原理》问世，许多人认为这是有史以来最伟大的科学著作之一，其中阐明了牛顿对运动的宇宙的观点。据说，牛顿在 1666 年就明确了其中心观点，但推迟了很久才公布。他在书中制定了关于物体的运动及作用在物体上的力的三条运动定律：

> 1. 除非受到力的作用，否则物体将保持静止或匀速直线运动状态。
> 2. 作用在物体上的力会使物体朝该力的方向运动。物体速率或方向变化的大小取决于力的大小和物体的质量。
> 3. 每一个作用对应着大小相等、方向相反的反作用。如果一个物体在另一个物体上施加力，则后者在前者上面施加大小相等且方向相反的力。

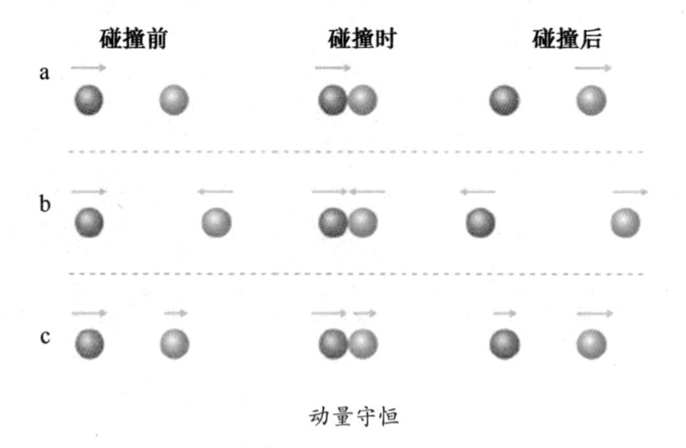

动量守恒

万有引力

牛顿在苹果园里的故事我们耳熟能详，但如果苹果会掉到地上，那么为什么月亮不会掉到地上？真正的天才得出的结论是：月亮确实正在往下掉。

牛顿的运动定律揭示了物体运动的方式和原因

牛顿发现任意两个物体之间总存在引力，该力的强度取决于物体的质量及它们之间的距离。引力遵循平方反比定律，这意味着力的大小按距离的平方衰减。因此，如果将两个物体之间的距离加倍，则将它们吸引在一起的力将减小到原来的 1/4；在 5 倍的距离处，力减小到原来的 1/25。因此，万有引力定律指出，物体间相互吸引的力与质量的乘积成正比，与距离的平方成反比。

通过三个简单的运动定律和万有引力定律，牛顿可以解释宇宙中万物的运动。他解释了开普勒的行星运动定律和苹果下落的原因。

牛顿从所有科学的三个基本量——时间、质量和距离——得出他的定律。已知物体运动的距离和时间，可以计算其速度（速率和方向）。质量告诉我们该物体包含多少物质，移动它需要多少力。将质量乘以速度，我们将得到物体的动量，也就是使它停下的“难度”。

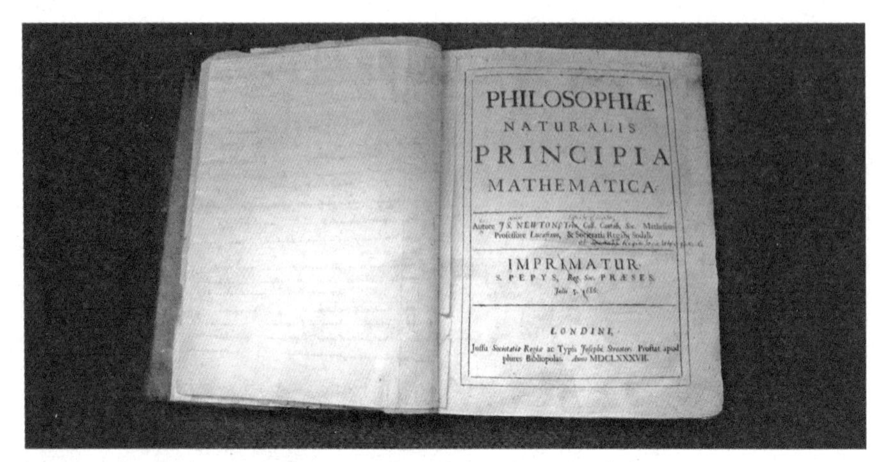

牛顿的《自然哲学的数学原理》，是有史以来最伟大的科学著作之一

炮弹和卫星

正如伽利略所言，两个力决定抛射体的路径——引力和将其发射出去的初始力。这两个力作用在抛射体上，使它沿着弯曲的路径返回地面。牛顿设想在山顶上安装一门强大的大炮，并忽略了空气阻力等不利因素的干扰，他发现炮弹水平移动的距离（d）将由炮弹的速度（v）乘以飞行时间（t）来决定：$d=v\times t$。他还从伽利略的落体运动结论中得知，飞行所花费的时间取决于重力将炮弹拉到地面的时间。

牛顿解开两个公式，得到炮弹在水平和垂直方向上的运动距离。他注意到炮弹在给定时间内掉落的距离是恒定的，因为重力引起的加速度是恒定的，但是炮弹水平移动的距离取决于炮弹的速度。改变炮弹发射的速度会改变其轨迹。

他意识到，如果选择合适的速度，则炮弹所遵循的弯曲轨迹将与地球表面的曲率完全匹配，并将始终保持在离地面相同的高度上。炮弹的惯性（使它继续直线行驶）与地球的重力（将它拉向地球中心）的加速度保持平衡。炮弹将绕地球转动，一直向着地球加速，但永远无法到达地面——它现在就是一颗在轨卫星了。

这正是将实际卫星送入轨道的原理，只是在实际情况中会使用强大的火箭而不是大炮来提供前进的动力。月亮就像一颗巨大的炮弹，永恒不断地在轨道上向地球坠落。

牛顿定律在此后的200多年间从未受到挑战。在日常中，牛顿定律是计算物体运动及引力如何影响运动的绝佳方法。不过，牛顿未能解释到底是什么引起了引力。很多年后，爱因斯坦解决了这个问题。

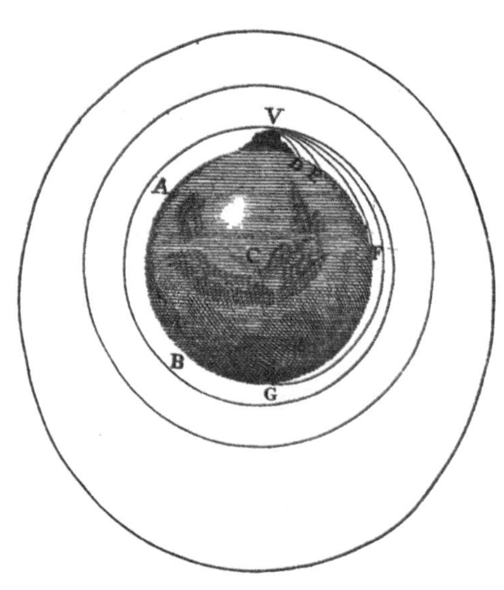

牛顿的炮弹假设预言了如今的卫星轨道

第四章

光

光

光理论时间表	
公元前 6 世纪	毕达哥拉斯（Pythagoras）认为眼睛会产生看不见的射线，以便让我们看到物体。
公元前 4 世纪	德谟克利特提出，物体向外界释放自身的图像，它们的颜色源于构成物体的原子。
公元前 3 世纪	欧几里得（Euclid）在他的著作《光学》（*The Optics*）中提出光线从眼睛发出，沿直线行进。
公元前 1 世纪	卢克莱修认为光是由微小的粒子组成的，由于速度太快而无法单独检测到。
11 世纪	阿里 · 海什木（Al-Haytham）在《光学书》（*The Book of Optics*）中提出，我们能看到物体，是因为光从它们身上反射回来，光速很快但并非无限。
17 世纪	开普勒提出了小孔成像理论并解释了人眼的工作原理。
1690 年	惠更斯发表《光论》（*Treatise on Light*），他认为光有类似波的性质，光在看不见的介质“以太”中传播。
1704 年	牛顿发表了《光学》（*Optiks*），记录了他的棱镜实验。他坚信光是一种粒子流。
1801—1803 年	托马斯 · 杨（Thomas Young）发现光会发生干涉作用，证明了光具有波动性。
1819 年	奥古斯丁-让 · 菲涅尔（Augustin-Jean Fresnel）提出衍射理论，向法国科学院证明光是一种波。

几个世纪以来，人们一直在尝试解释与光有关的各种现象。公元前 6 世纪，古希腊哲学家毕达哥拉斯认为视觉是一种精妙的触觉，人的眼睛会产生看不见的射线，人们以此来感知物体。古希腊思想家德谟克利特认为，物体不断发出自身的图像，以便被人们感知。他是最早尝试解释感觉与颜色的人之一，他认为感觉是由原子的大小和形状引起的，而颜色是由原子的粗糙度等特性引起的。柏拉图（Plato，约公元前 427—约公元前 347 年）提出，眼睛内部产生的光必须先与太阳光混合，人才可以看见物体。亚里士多德不认为眼睛是光源，他认为物体发出光并且能被眼睛检测到，他还认为眼睛的水状表面是某种可投射光的屏幕。

在一本名为《光学》的教科书中，欧几里得指出光线是直线，他还按照从物体的顶部和底部到达观察者眼睛的光线形成的夹角定义了物体的可视尺寸。他认为光线来自眼睛。他思考过，为什么人们抬头仰望夜空，瞬间就能看到星星——假设光束的传播速度无限快，这个问题就得到了解答。他对光的传播的几何分析令人信服，以至于几个世纪以来，光线源于眼睛的观点一直占据上风。

是波还是粒子?

古希腊人对光的来源众说纷纭，对光的本质意见不一。亚里士多德提出光是对看不见的、充满空间的、无法检测到的物质——以太——的干扰。他认为光是通过以太的波，就像海浪穿过水面一样。另一种观点认为，光是

卢克莱修《物性论》的中世纪版本扉页

一小束粒子流，由于太小、移动得太快，无法被人单个地感知到。罗马哲学家卢克莱修在《物性论》中写道：“太阳的光与热……由微小原子组成，在它们被发射出来后，刹那间就穿行在发射方向的空气空隙中。”

后来时代的物理学表明，卢克莱修的观点非常有先见之明，但是卢克莱修的思想未被普遍接受，其粒子论遭到了亚里士多德等人的反对。在接下来的 2000 多年中，人们一直认为光以波的形式传播。

光在中世纪的发展

阿拉伯物理学家海什木（约公元 965—1040 年）也被称为“阿尔哈森”（Alhazen），终结了光束从眼睛出发的观点，提出我们能看到的东西要么是因为它们反射了照明源发出的光，要么它们本身就是照明源。海什木被大多数人称为“光学之父”，其理论延续至今。他的观点与卢克莱修一致，认为人们能看到物体，是因为太阳光是以直线传播的微小粒子，其被物体反射到我们的眼睛中。海什木意识到光必须以很快但有限的速度传播，由于在不同介质中光速不同，就会产生折射现象，他还发现光的折射会使图

海什木的著作《光学书》解释了透视、反射和折射等现象

像被镜片聚焦和放大。海什木在《光学书》中阐释了这些想法，当时他正被软禁在开罗——由于他参与控制尼罗河洪水泛滥的工程未能成功，惹恼了哈里发，于是从1010年被关押至1021年。

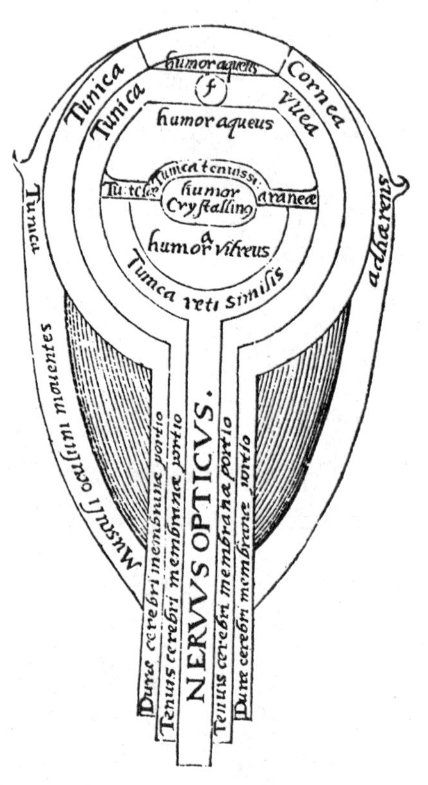

海什木的人眼解剖图解

《光学书》的部分内容被翻译成拉丁文，在1200年左右到达欧洲。英国学者罗伯特·格罗斯泰斯特（Robert Grosseteste，约1175—1253年）阅读了海什木的著作并进行了一些实验。他认为整个宇宙由光形成。光是最先被创造出来的，由一个单一的点不断扩大，形成一个包含所有事物的球体。这个概念惊人且复杂，与我们当前对宇宙形成的思考十分类似。

罗杰·培根是一位英国僧侣，也是格罗斯泰斯特的学生，他也热衷于研究光。从某种角度来看，培根被大多数人称为第一位现代科学家，他强调了实验的重要性。他的实验包括通过镜片弯曲和聚焦光。培根较早地建议视力不好的人配戴眼镜。

在培根颇有影响力的著作《透视法》（*Perspectiva*）于1270年左右问世后，他被当时欧洲研究光学的学者们称为“透视主义者”。中世纪对于透视的理解不同于绘画中的透视，指的是关于“看见”本身的科学。透视主义者认为，光学对于我们理解世界至关重要——物体发出光和颜色，并穿过空气进入我们的眼睛，这个观点源自海什木的著作。培根认为物体之所以可见，是因为其精粹进入了我们的眼睛并在那里自我复制。

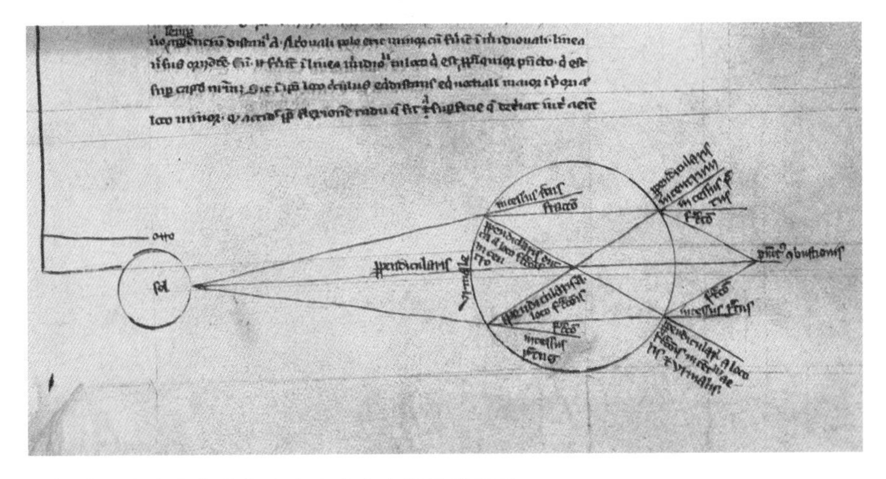

培根关于光通过装满水的玻璃球发生折射的图解

在 400 多年中，海什木的观点从未得到完善，直到开普勒迈出了真正的第一步。小孔成像是指通过针孔将物体的图像投射到暗室中的屏幕上，该投影上下颠倒。开普勒为小孔成像提供了正确的数学解释，他还解释了人眼的工作原理：物体在视网膜上形成的图像是上下颠倒的。由于人们看到的世界不是颠倒的，当时的人们普遍无法接受这个观点，认为它太不合理。开普勒还准确解释了近视与远视的成因。此外，他计算出光的强度和观测者与物体之间距离的平方成反比。开普勒认为光速是无限的，在这一点上，他是错误的。

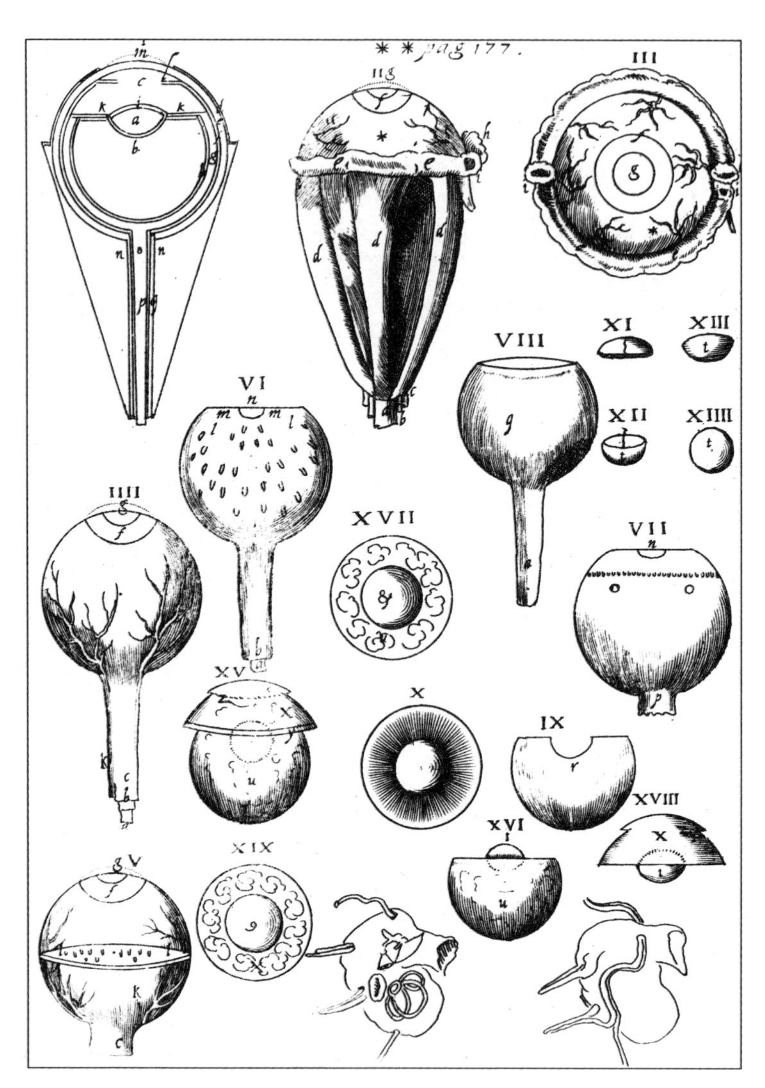

德国天文学家开普勒的著作《天文学的光学需知》（*Astronomiae Pars Optica*，1604 年），他较早对眼部解剖学进行了研究

光与颜色

几个世纪以来，人们一直认为光与颜色是两种不同的现象。颜色是物体的一种固有的属性，被光携带到观察者的眼睛里。光是颜色的载体而不是颜色的来源。笛卡儿在 1637 年左右提出，颜色可能是由形成光束的粒子旋转引起的，因此颜色是光本身的属性。

牛顿进行了一系列巧妙的实验，揭示了光的本质，他于 1704 年在《光学》中发表了这些发现。他在实验中发现，透过三棱镜的白光发生折射，会显示出光谱的颜色。他得到的启示是白光可以分解成彩虹色，而且每种颜色被折射的程度不同，这确切地表明颜色是光的一种性质。

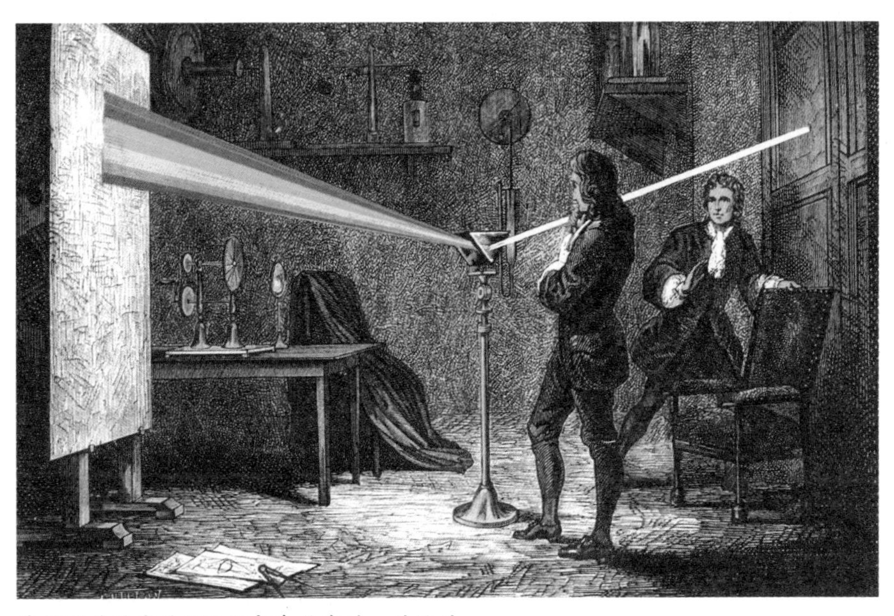

牛顿的棱镜实验证明了颜色是光的一种性质

牛顿坚信光是微小的粒子流，光通过棱镜发生折射是由于不同大小的粒子或多或少产生了偏转。他还研究了光在透明物质中的部分反射，他对这个现象的解释是，光的粒子有时可能会断断续续地传播，因此更易于被反射而非透射。

另一个重要的发现被称为牛顿环。牛顿注意到，当他在平面玻璃表面上放置一个凸透镜时，两者之间产生一薄层空气，并能看到一系列同心的浅色带和深色带。他推测这是由在玻璃表面之间来回移动的光粒子振动引起的。实际上，这种现象是由从空气膜的顶面和底面反射的光波相互干扰引起的，但牛顿并不认为光具有波状特性。

牛顿对科学界的影响非常大，光的微粒理论成为公认的理论，但绝不是所有人都同意他的观点。

光的波状特性

格里马尔迪观察到衍射现象，他认为光是波状的

意大利物理学家弗朗切斯科·马里亚·格里马尔迪（Francesco Maria Grimaldi）研究了光线通过一个小孔的透射，以光的粒子流沿直线传播为前提，他在本该是阴影的区域观察到少量光线。他称这种现象为衍射（Diffraction），源自拉丁语动词“Diffringere”——碎成碎片。格里马尔迪还观察到光的图案由复杂的彩色带组成。根据已有的证据，他推测光可能以波状传播。

苏格兰物理学家詹姆斯·格雷果里

（James Gregory）在 1673 年 5 月的一封信中对“衍射光栅”进行了描述，他打算将其传达给牛顿：

> 如果您认为合适，可以向牛顿先生展示一个小实验（如果他还不知道的话），这也许值得他关注。让阳光透过小孔进入较暗的房屋，并在该孔上放上一根羽毛（为了效果更佳，羽毛越细腻、越白越好）。羽毛将指向白色的墙壁或纸，上面有小的圆圈或椭圆（如果我没记错的话），其中一个略带白色（即中间与太阳相对的那个圆形），其余的则全部着色很深。我很期待牛顿的看法。

牛顿在《光学》一书中提到了他所谓的弯曲（Inflexions，他对衍射的命名）。他介绍了用羽毛作为衍射光栅的实验，就像格雷果里所做的那样，但没有提及格雷果里的名字。他写道：“当我进行上述观察时，我本来打算进行更仔细、更精确的设计以检验其中的大多数观察结果，并做一些新研究来确定物体如何弯曲光线，使彩色条纹与深色线相间。但是后来我被打断了，无法在这方面进行进一步研究。”牛顿的这个回应不是特别令人满意。牛顿提出了一系列问题供其他人研究，但他本人从未回到光学研究领域。

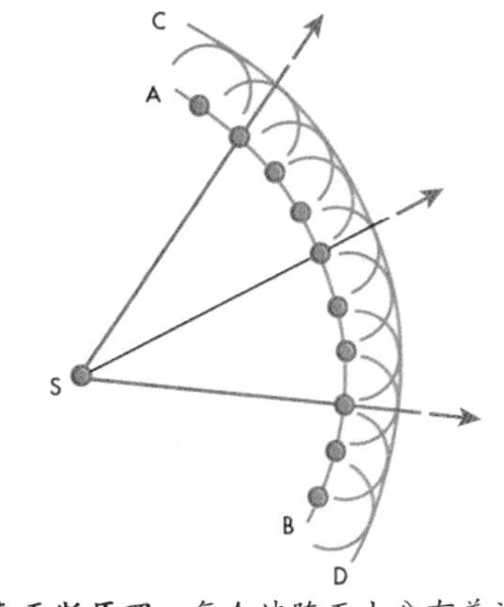

惠更斯原理：每个波阵面上分布着许多子波。每个波阵面上的点都是一个独立的波源，为下一个波阵面生成子波。*AB* 和 *CD* 分别是两个波阵面

惠更斯认为光是波状的。他在 1678 年得出其理论的数学阐释，并在 1690 年的《光论》中发表了自己的观点。当然，波需要一种介质来传播，例如，声波在

空气中传播，因此惠更斯提出光通过无形但无处不在的以太传播。他的理论是，波阵面上的每个点都可以看作次级球面子波的波源，它们以光速在光波的传播方向上扩展。这是一个优雅的理论，解释了可观察到的大多数光现象，如反射、折射和衍射。不幸的是，这个理论或多或少被忽略了。瑞士数学家莱昂哈德·欧拉（Leonhard Euler，1707—1783 年）等其他学者曾强烈主张光的波理论，但直到 19 世纪初，托马斯·杨才真正证明了光确实具有波状性质。

托马斯·杨的研究

托马斯·杨（1773—1829 年）是个神童，才智超群，以至于他在剑桥大学的同学都将他称为“一个奇迹”。据说他六岁时就从头到尾读完了两遍《圣经》。他是一位精通语言的学者，曾参与罗塞塔石碑（也译作罗塞达碑）解码，最终在他的帮助下，考古学家解码了埃及象形文字。

杨是一位才华横溢的科学家，敢于挑战牛顿关于光的观点

1801—1803 年，他在伦敦皇家学会发表了一系列演讲。在 1801 年的演讲中，他提出了三色视觉理论，以此来解释眼睛是如何检测颜色的。这个理论直到 20 世纪 50 年代才得到证实。在 1803 年的一场演讲中，他介绍了一个优雅而简单的实验。

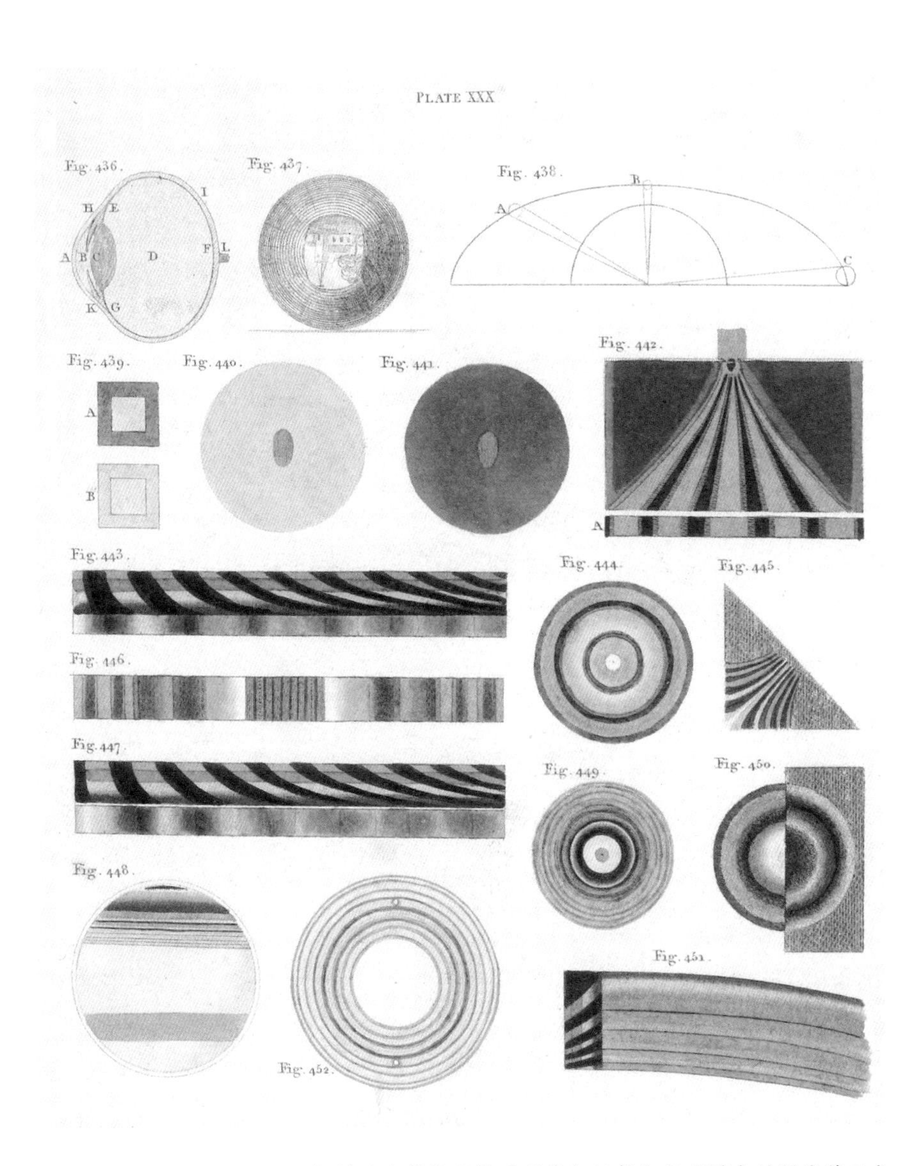

杨讲义中的插图展示了诸如衍射和视网膜中的倒像等现象

在 1801 年，杨描述了一种他称之为干涉的效应。如果两波相遇，它们不会像球相撞一样互相反弹；相反，它们能直接穿过彼此。就像雨滴落在池塘上，你能观察到涟漪扩散、相遇并在交错时继续前进的现象。波会在相互交错的地方结合起来。如果一个波的波峰与另一个波的波峰相遇，则将它们加在一起会形成一个更高的波峰；两个波谷相遇会使波谷更深；波谷和波峰相互抵消。在这种结合过程中，可以得到干涉图样，其显示波在何处相加和抵消。杨假设，如果光线呈波状，则它的行为应类似于池塘上的涟漪。

首先，他在窗帘上开一个小孔，获得一点光源。接下来，他拿起一块木板，并在木板上打两个距离很近的小孔。他将木板放好，使穿过窗帘小孔的光线穿过木板上的小孔投射到屏幕上。如果牛顿的观点是正确的，光是粒子流，那么粒子穿过小孔后屏幕上会出现两个光点。

杨没有看到两个离散的光点，而是看到了一系列由深色线隔开的弯曲的彩色带，这与实验的预期完全一样——光是一种波。杨将这些条带称为干涉条纹。杨的实验令人信服，他证明了光具有波动性。他的理论是，如果光的波长足够短，那么就可以解释为什么它看起来像粒子流一样以直线传播。不幸的是，杨的观点与牛顿相左，没有被同时代的人很好地接受。

菲涅尔模型

又过了 15 年，法国物理学家和工程师菲涅尔（1788—1827 年）最终证明了光确实是波。菲涅尔进行了与格里马尔迪和牛顿相似的衍射实验。他使用一个小透镜收集阳光，并通过目镜进行观察，详细研究衍射现象。他认为光会以惠更斯描述的方式传播，从而产生衍射和干涉效应。法国科学院举办了一场比赛以解决光的粒子理论和波动理论之间的分歧，菲涅尔提交了自己的观测结果。奖项委员会的一位数学家西莫恩·德尼·泊松指出，如果菲涅尔的理论正确的话，那么在由不透明圆盘投射出的阴影中心处会出现一个亮点。泊松认为不会产生这种亮点，波动理论将被证明是错误的。但在进行实验时，光点出现了。菲涅尔赢得了比赛，看起来光的粒子理论气数已尽。

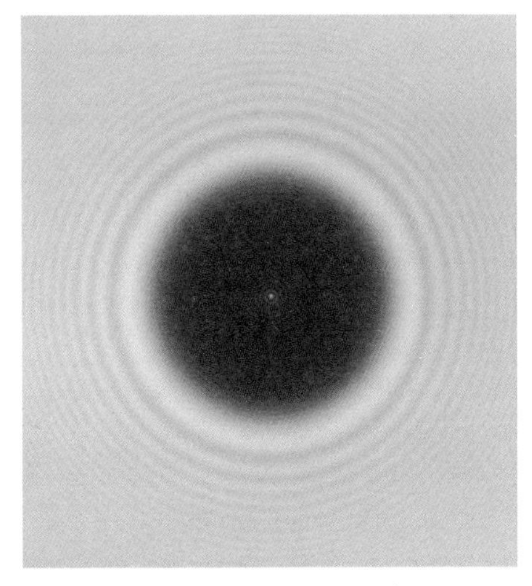

图中心的微小亮点证明了菲涅尔的观点，光是一种波

但是问题仍然没被完全解决。光到底是什么？这一问题的答案始于一种与光看似无关的研究——电。人们在 20 世纪开始探索量子领域，那时杨的双缝实验得到了重视，这是物理学中最发人深省的实验之一。

第五章

物质状态

物质状态

物质理论时间表	
公元前5世纪	恩培多克勒（Empedocles）认为，所有物质都是由四种主要元素组成的——气、土、火和水。
公元前5世纪	德谟克利特提出，物质是由无限小的颗粒构成的，这些粒子被称为原子。
1661年	波义耳提出，物质是由微粒组成的，微粒可以重新排列，形成不同的元素。
1738年	丹尼尔·伯努利（Daniel Bernoulli）提出了一种气体动力学理论，他认为气体的压力与其颗粒的动能成正比。
1773年	安托万·拉瓦锡（Antoine Lavoisier）指出，在化学反应中质量既不会产生，也不会被破坏。
1803年	道尔顿提出了原子论。
1811年	阿伏伽德罗假设，在相同温度和压力下，等体积的气体包含相等数量的分子。

人们早在了解物质的本质之前就已经善于利用它们做许多事情了，比如，雕刻木材、制造陶瓷、加工金属。“一切物质是由什么构成的？”哲学家泰勒斯被大多数人认为是第一个尝试回答这个问题的人，他的答案不太显而易见——宇宙是由水组成的。很多人不同意这个观点，他们质疑水在干热的岩石中该如何存在。恩培多克勒认为，所有物质都是由四种主要元素组成的——气、土、火和水，这些元素的比例决定了物质的性质。恩培多克勒的理论虽然看上去不太对，但是它的确指出了一种科学观念，即物

质很少是“纯净的”，而是由不同事物组合而成的。

一段时间后，古希腊思想家德谟克利特提出了新的物质理论，德谟克利特的思想借鉴了阿那克萨戈拉（译者注：Anaxagoras，古希腊哲学家）著作中的内容。阿那克萨戈拉曾认为物质是无限可分的（他在《论自然》中写道：“在很小的东西中，没有最小的部分，总有更小的部分。”），他受到了留基伯（译者注：Leucippus，古希腊哲学家）的启发。留基伯提出，物质由无限数量的粒子构成，这些粒子是不可分割的，但是太小以至于人们看不见。

恩培多克勒

恩培多克勒认为所有物质都是由气、土、火和水构成的，这个观点流行了很久

德谟克利特明白，如果将一块石头切成两半，则每半块石头都具有与原始石头相同的特性——你不会在其中看到气、土、火和水。德谟克利特推测，如果继续分割石头，最终会达到一个点，这时石头碎得太小了，从物理上不可能进一步分割，他称这些无穷小的物质为原子（Atomos），意思是不可分割的。他认为原子是永恒的，不能被摧毁。他进一步指出，每种物质都由其自身的特定

德谟克利特率先提出物质是由看不见的原子构成的

原子组成，比如，石头的原子是石头独有的，不同于羽毛的原子。

这个观点纯粹是从理论推导得出的，非常有见地，但是其他人，特别是有影响力的亚里士多德，对此并不认同，导致这个观点被人们遗忘了2000多年。亚里士多德认为事物可以从物质和形式上理解，不存在没有形式的物质。根据亚里士多德的观点，物质是制造事物的根本，而形式则赋予事物形状和结构并决定其特征和功能。在恩培多克勒的四种元素中，亚里士多德添加了第五元素——以太，一种形成恒星和行星的神圣物质。

亚里士多德认为，每种元素都有其自然的位置，它们趋向于返回自然中的位置，这解释了为什么会下雨和起火，他的这种观点主导了中世纪乃至以后的科学研究。

炼金术与原子论

如今，炼金术被视为与占星术等类似的伪科学。但是从罗马帝国时代到启蒙运动时期，炼金术是探究世界运作方式的一个重要且受人尊敬的分支。实际上，我们最好将其视为“原始科学”。炼金术士为许多技术与知识的发展做出了贡献，包括基础冶金、金属加工，以及油墨和染料的生产。炼金术涉及物理学、医学、神秘主义，使人们对化学过程产生了深刻的理解。炼金的目的是寻找可以让人永生的“生命之丹”，寻找能将“贱金属”（非贵重金属）变成黄金的“哲人石”（黄金被认为是物质的最高级和最纯净的形式），从而揭示人类在宇宙中的作用并弘扬人类精神。

炼金术士在追求知识的同时广泛发展了专长

炼金术影响了 17 世纪一些著名物理学家的思想，如波义耳和牛顿。牛顿的手稿显示，他对金属的变化很感兴趣，他在炼金术方面的写作比在物理学上多得多。波义耳一直研究炼金术，直到生命的尽头。他声称目睹了“哲人石”的演示过程，并检验了它所生产的黄金。他甚至在 1689 年成功地向国会请愿，废除了一项禁止制金的法律，因为他认为这阻碍了对宝石力量的研究。

波义耳是原子主义的提倡者。他在 1661 年出版的《怀疑派化学家》

（*The Sceptical Chymist*）一书中将元素定义为“某些原始、简单或完美无混杂的物体……而不是由其他物体构成的”。作为化学家，波义耳对物质的构成颇感兴趣。他摒弃了长久以来亚里士多德学派的气、土、火和水的古典元素学说，支持微粒理论。微粒理论与德谟克利特的原子理论不同，其认为粒子在理论上可以分裂，而原子不能分裂。波义耳认为，一个元素要想向另一个元素转变，可以通过重新排列组成每个元素的微粒来实现。

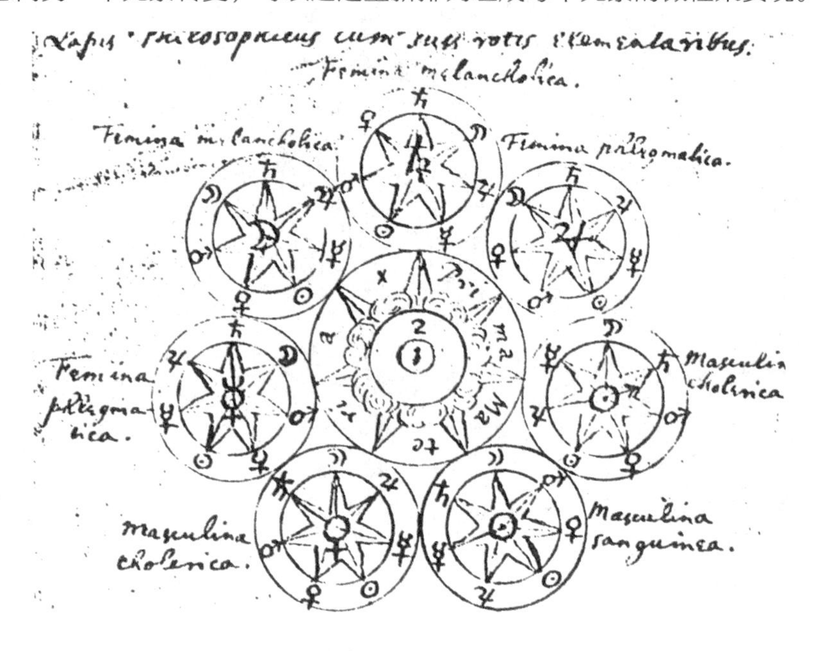

牛顿对炼金术非常感兴趣，并在该方面进行大量写作

动力学理论

托里拆利发明的气压计，促进了原子理论的复兴。波义耳很熟悉托里拆利的研究。托里拆利已经证明了空气具有重量（空气可以推高汞柱），

因此一定由大量物质组成。凭借气体定律，波义耳表明空气可以抵抗压缩，并且会膨胀，以填充可用空间。波义耳对气体的行为提出了两种解释：空气由像螺旋弹簧一样互相排斥的粒子组成；空气由不断运动的粒子组成，这些粒子永远相互碰撞并相互反弹。

伯努利阐述了气体动力学理论

瑞士数学家伯努利在1738年出版的一本关于流体力学的书中提出了气体动力学理论。他通过计算许多在封闭空间中以速度 v 行驶的粒子撞击在可移动活塞上的力，推导了波义耳的气体压力定律。封闭空间越小，压力越大，因为粒子会更频繁地撞击活塞。伯努利还表明，压力与粒子的动能成正比，因为撞击的频率与粒子的速度成正比，并且每次撞击的力都与粒子的动量成正比。这就解释了为什么升高温度就会增加压力。伯努利的气体动力学理论提出，可以通过粒子的动能辨别热量或温度，其对手是热量理论，该理论受到拉瓦锡和道尔顿等人的拥护。在热量理论中，气体分子被名为热量（Caloric）的“热质”推入到容器壁。

道尔顿的原子论

约瑟夫·普利斯特里（Joseph Priestley，1733—1804年）和拉瓦锡等18世纪的化学家通过实验证明，某些物质可以结合为新物质，某些物质可以分解为其他物质，而有些物质似乎是“纯”的，无法进一步细分。通过

在道尔顿的原子论中，有关原子的思想建立在牢固的科学基础之上

仔细测量，拉瓦锡表明，在物质燃烧时，形成的新物质比原始物质重，而且多余的物质来自空气。据此，拉瓦锡提出了质量守恒定律，其中规定，在化学反应过程中，质量既不会产生，也不会被破坏。

1808 年，英国科学家道尔顿提出了一个总体理论，将以前的研究结果统一。这是通过实验和分析结果得出的第一个真正意义上的原子科学理论。

道尔顿的理论源自他对气体的研究。19 世纪初，道尔顿成为曼彻斯特文学和哲学学会的秘书，在那里他发表了许多论文，阐述了他在不同温度下的蒸汽压力和气体的热膨胀等方面的发现。

道尔顿根据观察得出结论，在相同压力下，所有流体（气体和液体）都会随着温度的升高而膨胀。这成为道尔顿定律（道尔顿分压定律）的基础，该定律指出，在非反应性气体的混合物中，施加的总压力等于各个气体的分压之和。

在研究过程中，道尔顿提出了一种想法，即组成不同气体的粒子的大小必须不同。他的想法基于拉瓦锡的质量守恒定律，根据该定律，化学反应中反应物的质量与产物的质量相同；还基于法国化学家约瑟夫·路易斯·普鲁斯特（Joseph Louis Proust）的定比定律，根据该定律，如果将化合物分解成其组成元素，那么不管原始物质的数量如何，这些成分的质量将始终具有相同的比例。道尔顿和盖·吕萨克等人进行的实验表明，化学反应中反应物与产物之间的比率始终是简单的整数。为此道尔顿提出了倍比定律，即两个元素可以通过以 2 单位比 1 单位或 3 单位比 2 单位的比例结合，形成化合物，但不能以 2.1 单位比 0.9 单位或 3.1 单位比 2.1 单位的比例进行结合。

在 1803 年，他根据这些思想提出了原子论。该理论的基本假设是：

> 1. 所有物质都由不可分割、不可改变的微小原子组成，这些原子无法被创造、被破坏或转化为其他原子。
>
> 2. 每个元素的原子具有相同的质量和性质。同一元素的所有原子都具有相同的权重——元素的每个原子都与该元素的所有其他原子相同。
>
> 3. 不同元素的原子可以通过不同的原子量来区分；不同元素的原子具有不同的性质。

道尔顿为当时已知的 20 种元素的原子赋予了原子量，并在 1803 年提出了他的原子量表。这在当时是一个革命性概念，并且在 19 世纪后期元素周期表的研究中发挥了重要作用。

直到 1807 年，道尔顿得出原子量表的方法才被他的旧识托马斯·汤姆森（Thomas Thomson）公布在教科书中。道尔顿只在 1808 年和 1810 年出版的《化学哲学的新体系》（*A New System of Chemical Philosophy*）中发表了他的研究成果。道尔顿对原子量的研究基于它们的质量比，以氢原子

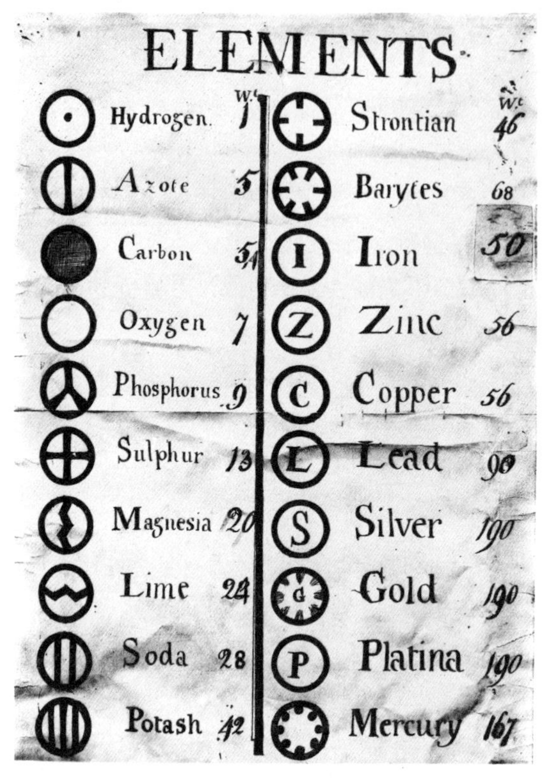

ELEMENTS

Element	W^t	Element	W^t
Hydrogen	1	Strontian	46
Azote	5	Barytes	68
Carbon	54	Iron	50
Oxygen	7	Zinc	56
Phosphorus	9	Copper	56
Sulphur	13	Lead	90
Magnesia	20	Silver	190
Lime	24	Gold	190
Soda	28	Platina	190
Potash	42	Mercury	167

道尔顿的原子量表

（当时已知的最轻元素）为标准。但是，他认为任何两个元素之间最简单的化合物始终都是一个元素对应一个原子，例如，他认为水的化学分子式是 HO，而不是我们现在知道的 H_2O。他也未能考虑到某些元素是以分子形式而不是以单原子形式存在的，如氧（O_2）。众所周知，当氢气与氧气反应时，氢气与氧气的比例总是 1∶8。道尔顿必须对此做出假设，他认为氧原子比氢原子重 8 倍，事实证明他是错误的。

道尔顿的挑战

道尔顿的第一个挑战来自盖·吕萨克对反应气体体积进行的一系列实验。道尔顿主要使用反应元素的权重来计算原子量，但盖·吕萨克得出了气体化合体积定律，该定律指出，在给定的压力和温度下，气体以简单的体积比例合并。如果产物是气态的，那么它与任何气态反应物的比也是简单整数。例如，将 2 升的氢气与 1 升的氧气混合，会得到 2 升的水蒸气。换句话说，氢气、氧气、水蒸气体积的比例为 2∶1∶2。由此得出的结论显而易见（尚不确定盖·吕萨克是否得出了这一结论），如果像道尔顿所说的那样，元素作为原子结合，并且反应气体以简单的体积比率结合，那么体积和原子数量之间必然存在联系。

瑞典化学家永斯·雅各布·贝采利乌斯（Jöns Jakob Berzelius）是一位严谨的实验者，实验技巧高超。1808 年，他了解到道尔顿的理论，他认为如果那是正确的，人们对物质的认识将产生重大突破。贝采利乌斯最初持怀疑态度，在 1808 年，他获悉汉弗里·戴维（Humphry Davy）通过电解钾盐（氢氧化钾）和苏打（氢氧化钠）成功分离了金属钾和钠。贝采利乌斯重复了戴维的实验，又进行了自己的实验，他认为化合物由元素之间的电吸引力结合而成。如果真的是这样，那么道尔顿的原子论将面临巨大的挑战。

贝采利乌斯对 2000 多种化合物进行了分析

贝采利乌斯认为，如果化学结合是因为带相反电荷的原子之间有吸引作用，则二元素化合物应为 A+B、A+2B、A+3B 等，且带相似电荷的 B 原子分布在带相反电荷的 A 原子的周围，彼此隔开。然而，实验表明某些化合物由 2A+3B 或

3A + 4B 型原子组成，贝采利乌斯认为它们应该是不稳定的，尽管他最终接受了这种化合物的存在。这种“电化学二元论”的方法阻碍了人们探索为何氧等元素以分子形式存在。

贝采利乌斯通过自己的艰苦实验和对盖・吕萨克等人的实验的研究，发表了当时最可靠的原子量表。贝采利乌斯在检验了盖・吕萨克的研究后，提供了新的解释——在相同的温度和压力条件下，相同体积的气体具有相同数量的原子。结合道尔顿的原子以简单整数结合在一起生成化合物的观点，我们将其应用于氢和氧生成水的反应中，可得出两个体积的氢气加一个体积的氧气会产生两个体积的水。因此可以得出结论：$2n$ 个氢粒子加 n 个氧粒子生成 n 个水粒子。如果 n 等于 100，则两个体积的氢包含 200 个氢粒子，一个体积的氧包含 100 个氧粒子。根据贝采利乌斯的说法，水中氢和氧的原子数之比为 2∶1；因此，水的分子式是 H_2O（而不是道尔顿假设的 HO），并且每个氧原子比每个氢原子重 16 倍，而不是道尔顿认为的 8 倍。

阿伏伽德罗和坎尼扎罗

贝采利乌斯认为在给定的压力和温度下，所有气体都包含相同数量的原子。1811 年，意大利化学家阿伏伽德罗将贝采利乌斯的观点中的“原子”一词替换为“分子”，这似乎只是个微妙的区分，但这实际上对理解元素和化合物及盖・吕萨克的发现、道尔顿的原子论产生了深远的影响。

根据阿伏伽德罗的假设，在相同的温度和压力条件下，任何两种气体的相对分子量将与它们的密度比相同。阿伏伽德罗还认为，简单的气体不是由单个原子组成的，而是由两个或多个相连原子的化合物分子构成的。（当时，“原子”和“分子”这两个词或多或少地被互换使用。阿伏伽德罗把今天我们称为原子的粒子称为“基本分子”；从根本上讲，他将一个分子定义为物质的最小组成部分。）盖·吕萨克发现水蒸气的体积是用于形成水蒸气的氧气的两倍，基于此，阿伏伽德罗认为，假设在形成水蒸气的过程中氧分子分裂成两半，那么就可以解释这一发现。阿伏伽德罗的观点意味着，以较小整数比例结合的体积对应以较小整数比例结合的粒子，因此，道尔顿的倍比定律与盖·吕萨克的体积化合定律一致。

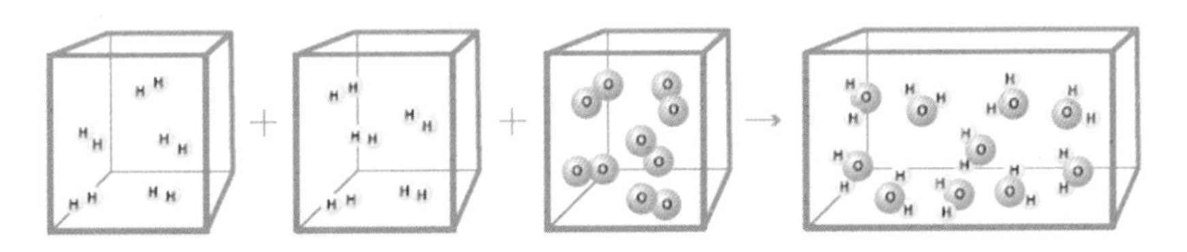

盖·吕萨克和阿伏伽德罗展示了元素如何以较小的整数体积比结合

阿伏伽德罗的观点被提出几年后才被人们接受，主要原因是人们一直认为原子不可分割，并且不可能将同一元素的两个原子结合在一起（人们认为氧是单个原子，而不是双原子分子）。阿伏伽德罗观点的主要拥护者之一是意大利化学家斯坦尼斯劳·坎尼扎罗（Stanislao Cannizzaro）。

坎尼扎罗坚定不移地拥护阿伏伽德罗的观点

在19世纪中叶，关于如何最优计算原子量和分子式的问题在科学界引起了争论，而支持阿伏伽德罗的实验证据越来越多。1858年，坎尼扎罗提出了自己的想法，即完全回归阿伏伽德罗的思想，使用从实验中收集的所有可用的证据来构建理论框架。他认为，任何异常现象都可以被归为一般规则的例外。总而言之，坎尼扎罗宣称：“根据阿伏伽德罗的理论得出的结论总是符合迄今发现的所有物理定律和化学定律。”1860 年 9 月，在德国卡尔斯鲁厄举行的一次国际化学会议上，坎尼扎罗为他的观点提供了有力证明，很快被人们广泛接纳。

卡尔斯鲁厄，1860 年国际化学会议的现场

第六章

触电体验

触电体验

电学时间表	
公元前6世纪	泰勒斯描述了琥珀吸引轻小物体（羽毛等）的能力。
16世纪	吉尔伯特列出了可以通过摩擦而带电的物质清单。
17世纪	奥托·冯·居里克（Otto von Guericke）发明了第一台起电机。
1729年	斯蒂芬·格雷（Stephen Gray）发现电在流动，它是由某些特定物质传导的。
1733年	查尔斯·杜菲（Charles Francois de Cisternay du Fay）认为电是由两种不同的流体组成的，它们像磁铁一样相互吸引、相互排斥。
1745年	彼得·范·穆森布鲁克（Pieter van Musschenbroek）发明了用于存储电的装置——莱顿瓶。
1752年	富兰克林进行了风筝实验，以证明电与闪电是相同的现象。
1800年	亚历山德罗·伏特（Alessandro Volta）向英国皇家学会展示了早期的电池——伏打电堆。
1807年	汉弗里·戴维（Humphry Davy）认为，将物质结合在一起的力本质上是电。

在人类历史上，电始终存在。雷击很可能为早期原始人提供了一种有用的工具——火。在早期文明中，人们认为众神从天上抛下了闪电。人们曾观察到被摩擦的琥珀能吸引轻质材料，产生静电现象，并对此十分好奇。但是人们对电的了解还是极其有限的，电力在很久之后才出现在人们的生活中。

琥珀是一种现已绝种的针叶树的化石树脂，大部分在北欧的波罗的海地区被发现，由于其温暖的黄色和吸引人的外观而备受珠宝界青睐。琥珀被希腊人称为 Elektron，“电”（Electricity）这个词就源于此。公元前 6 世纪古希腊哲学家泰勒斯描述了琥珀有吸引轻小物体的能力。罗马作家普林尼介绍了叙利亚的纺纱厂，他们将琥珀放在纺锤的末端，称其为“离合器”。在车轮旋转时，琥珀就会带电，并吸引一些散落的羊毛和谷壳。

琥珀因其外观和有趣的电属性而备受推崇

在吉尔伯特开始进行磁性研究前，前人对琥珀该性质的成因研究几乎没有任何进展。

吉尔伯特使用静电验电器对电现象进行了研究，他将验电器称为 Versorium（在拉丁语中，意思是“转身”）。这是一种指南针状的未磁化的金属针，在位于一根接触其中点的针头上保持平衡，成为一种灵敏的电性能检测器。他编制了一份清单，列出了 20 多种可以通过摩擦而带电的物质，包括玻璃、蓝宝石、密封蜡和琥珀。他还指出，带电的物体没有磁极，与磁化的物体不同，其效果能被纸张阻挡。吉尔伯特将琥珀之类的物体产生的吸引力称为“电”（Electricus）。

吉尔伯特的静电验电器

居里克是德国马格德堡镇的市长，他进行了著名的真空实验，认为重力的本质是电。与吉尔伯特制作的磁性地球模型（也称“特雷拉”，或“小地球”）类似，居里克也制作了一个电动模型。它包含一个硫磺球，约为一个孩子的头那么大，中间有一根木棍。木棍的末端放置在支撑物上，使球易于旋转。旋转和摩擦球体会使球带电，从而吸引了谷壳、羽毛之类的小物体。居里克发现，碰到球体的一根羽毛被它弹开了。他用木棍将球从中部抬起，在房间里追逐带电的羽毛，并通过排斥作用使羽毛一直待在空中。他还观察到了导电现象，并指出连接到球体上的线在其远端能够产生电吸引的作用。

居里克追逐羽毛的景象很有趣，但更重要的是，他通过旋转的球体发明了第一台起电机。用旋转的硫磺球发电，很快成为标准的发电方式。最终，硫磺球被支撑在木框架上的大玻璃圆柱体及球体代替，人们用皮革或其他物质对其进行摩擦。

居里克用高电荷的硫磺球进行电实验

顺“流”而下

电可以流动的发现归功于英国化学家格雷。他发现可以通过摩擦玻璃管来给其末端的软木塞通电，并且可以通过直接连接将电效应传递给其他物体。他用绳子为距离摩擦管超过 15 米的物体充电，而黄铜线能更有效地传输电荷，丝绸等其他物质根本无法传递电荷。格雷较早地将物质分为导体和非导体。

在 1730 年的一次著名的公开演示中，格雷用丝线作为绝缘体，将一个八岁的男孩从天花板上吊了下来。然后，他对男孩“充电”，开始向观众展示一些电的效果。例如，格雷在男孩的手附近拿着一本书，并要求他翻动页面但不能触摸到书。当男孩伸出他的手时，这本书最近的一页被电荷吸引着朝他浮起来。接下来，格雷请一名志愿者上台，电火花从男孩的手上转移到志愿者的手上，志愿者触电了。

格雷的实验展示电可以“流”过一些物体

杜菲认为电由两种不同的流体组成

此时，科学家认为电是一种看不见的流体。1733 年，法国化学家杜菲提出了一种电学理论，即存在两种截然不同的电子流体。他注意到被充电的物体有时会相互吸引，有时会相互排斥。他用两种不同的电来解释这一现象：“玻璃电”是通过摩擦玻璃和某些其他物质（如宝石）而产生的；“树脂电”是通过摩擦琥珀等物质产生的。

杜菲认为，带有相同类型电的物体彼此排斥，而带有不同类型电的物体彼此吸引，这与磁体类似。假设未通电的物质具有相等数量的流体，它们将相互抵消。摩擦物体会使其中一种流体被移走，而另一种流体则剩了下来。

电的储存问题

18 世纪中叶，使用早期的发电机已经十分危险了。1745 年，荷兰物理学家穆森布鲁克发明了一种用于存储产生的电的装置——莱顿瓶，以他居住的城镇而得名，这是一个装有水的玻璃罐，内外表面都衬有金属箔。穆森布鲁克想知道电是否被真正储存进去了，于是他同时触摸了罐子的内部和外部。那个瞬间，他说道：“我完了”，因为他感觉到电荷正在不断流过他的身体。

一个莱顿瓶能储存大量的电

如今，人们将莱顿瓶视为电容的雏形。一种设计方法是，从罐子的盖子上伸出一根金属棒，并通过链条将其连接到内衬上，通过使金属棒接触已充电的玻璃或硫磺球进行充电。几个罐子可以并联连接，以增加存储的电荷量。

穆森布鲁克不愿再重复这个可怕的实验，不过其他人却热衷于亲自尝试该实验。人们发现两个被连接在一起的实验者会同时受到电击。法国的路易斯-纪尧姆·勒蒙尼（Louis-Guillaume Le Monnier）在路易十五国王面前电击了

穆森布鲁克劝他人不要重复自己那个痛苦的实验

140 名朝臣。他写道：“被电击的众人瞬间做出不同的手势，大喊大叫，那场景奇特极了。”勒蒙尼有了一些重要新发现，比如，导电体的电荷是表面积的函数，而不是质量的函数，并且水是最好的电导体之一。他成功地通过一根长度约 1850 米的电线从莱顿瓶中传输了电，他得出的结论是电荷瞬间通过了电线。

放风筝

1747 年，富兰克林指出，杜菲的电是由两种不同的流体组成的观点太复杂了，完全可以用一种流体来解释我们观察到的现象。根据富兰克林的理论，正电荷代表流体多余，而负电荷代表流体不足。他提出，一个充满多余电流体的物体会吸引一个电流体不足的物体。但是，两个电流体不足的物体会互相排斥，这似乎不太合理。富兰克林的理论还解释了电荷守恒——在产生正电荷时，也会产生相等的负电荷。

富兰克林的电池，由多个莱顿瓶组成

1747 年夏天，富兰克林做了一系列实验。他称两种电为正电和负电，而不是“玻璃电”和“树脂电”。1749 年春天，在写给科学家彼得·科林森（Peter Collinson）的一封信中，富兰克林介绍了电池的概念，但他不确定电池有什么实际用途。同年晚些时候，他提出电火花和闪电之间有相似之处，例如，光

的颜色、发出的刺耳噪声和弯弯曲曲的传输路径。

富兰克林观察到尖锐的铁针会从带电的金属球上传导电，因此他认为使用接地的铁棒从云中导出静电就可以防止雷击。他认为可以使用约 2 ~ 3 米长、末端被削尖的避雷针实现这一点。他写道：“我想，在雷劈下来之前，电火花会毫无声息地从云层中被引出……”

“政治闪电”

避雷针意外地成为了政治声明。英国科学家青睐钝尖的杆，理由是尖锐的杆容易被闪电击中，而钝杆则不太可能被闪电击中。因此，乔治三世国王安装了钝尖的避雷针。当要在殖民地的建筑物中安装避雷针时，当地的人们用尖锐的避雷针表达了支持富兰克林的观点。

富兰克林对电的一大贡献来自他的风筝实验。1752 年 6 月的一天，富兰克林带着一个风筝、一把钥匙和一个莱顿瓶来到一片空旷的田野。普里斯特利后来写道:“其目的是以尽可能完整的方式证明电流体与闪电是相同的。”

富兰克林用丝绸制成了一个简单的风筝，并把金属丝固定在风筝上，充当避雷针。风筝的底部附有一根可以导电的麻线，连着金属钥匙。一根丝线也连在麻线上，富兰克林手中握着麻线末端。富兰克林注意到松散的麻线变直了，于是将手指移到了钥匙附近。普里斯特利后来写道：“他感觉到了明显的电火花。”富兰克林成功地在莱顿瓶里收集到了电。

我们可以肯定，富兰克林的风筝并没有被闪电击中。如果真的被闪电击中，他可能当场就丧命了。事实上，后来复制他的实验的两个人都在实验中丧生了。富兰克林的风筝很有可能从雷暴中获取了周围的电能。富兰克林并不是第一个揭示闪电特性的人，在这之前，托马斯-弗朗索瓦·达利巴德（Thomas-François Dalibard）在法国北部也完成了这项任务。

想象中的富兰克林风筝实验

抽搐的青蛙

富兰克林等人的实验为人们理解电做出了巨大贡献，但要想进行进一步研究，就需要一个稳定且可靠的电流源。

伏特，他身后是著名的伏打电堆

意大利人伏特（1745—1827 年）是一位自学成才的物理学家，他通过与科学家通信，并在朋友的实验室中自己做实验来学习物理知识。由于他的杰出表现，他于 1778 年被任命为帕维亚大学的物理学教授。伏特对电学非常着迷。伏特在与另一位科学家的争执中，对电学做出了巨大贡献。

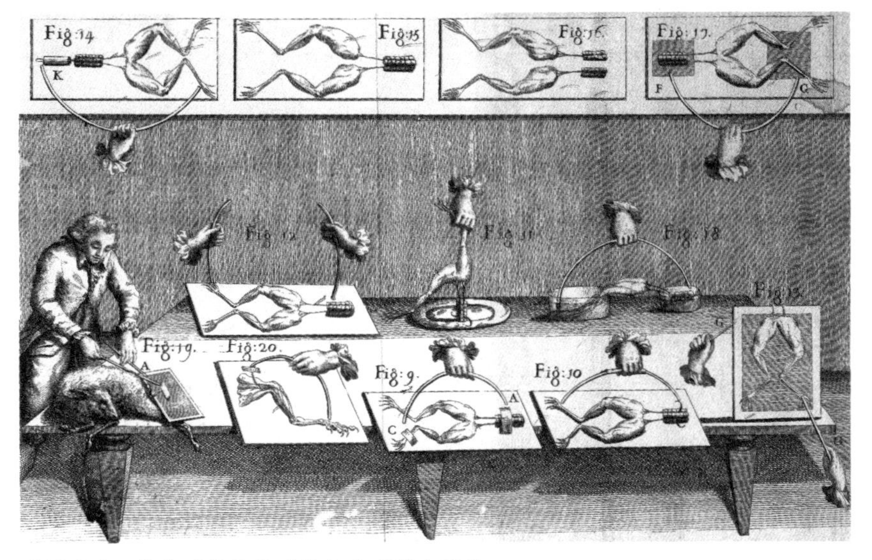

通过实验，伽尔瓦尼认为动物体内有带电液体

路易吉·伽尔瓦尼（Luigi Galvani）是一位意大利物理学家、医师和生物学家。大约在 1780 年，伽尔瓦尼开始研究电对解剖的青蛙的影响，他发现用静电发生器产生的火花刺激死青蛙的脊髓，死青蛙的腿会弹动。有趣的是，他还注意到如果不通电，死青蛙的肌肉也会收缩。当他用铁手术刀解剖固定在铜钩上的青蛙腿时，它的腿扭了一下。伽尔瓦尼认为青蛙体内有一种电流体，他称其为"动物电"。在实验演示中，伽尔瓦尼向观众展示了数十只用铁丝钩在铜钩上的青蛙腿抽搐的现象。

"死亡之舞"

1803 年，伽尔瓦尼的侄子乔瓦尼·阿尔迪尼（Giovanni Aldini）稍稍改动了伽尔瓦尼的实验。阿尔迪尼用伏打电堆向一个罪犯的尸体施加电流。《新门监狱记事》指出，死者的下颚开始颤抖，相邻的肌肉被严重扭曲，甚至睁开了一只眼睛……右手举起并握紧，小腿和大腿都在动。在现场观众的眼中，这具尸体似乎"死而复生"了。

伏特得知伽尔瓦尼的发现后对此很感兴趣。伏特并不认为青蛙会发电，他认为答案在金属中，不同金属之间进行接触产生了电。

当时的仪器无法检测到如此微弱的电流，因此伏特依靠自己敏感的舌头进行实验，他将各种金属进行组合，将其放进嘴里，观察会发生什么。

伏特发现锌和铜的效果最佳，他将锌盘和铜盘交替着垂直堆起来，并用浸入盐水的布圈将每一层隔开。当他将电线连接到金属堆的两个末端时，他发现电流产生了，他用潮湿的手指触摸电线，感觉到轻微的刺痛、震动。他向金属堆中添加更多的金属盘，效果更明显了。此后，产生能稳定输出的电源的可能性增加了，在这之前，人们唯一的电力来源是无法被控制的雷电。雷电能产生强大的电火花，但不能持续输出电流。伏打电堆实现了

电流的持续输出，引发了全世界科学家对于电力的无限遐想。

电动势

伏特认为某种力使电荷在电路中移动，他称其为“电动势”。电动势越强，电流越强。如今，我们都知道电动势根本不是力，而是使电流通过的电位差，在伏打电堆中，电位差由化学能产生。电动势的单位是伏特，人们以此来纪念亚历山德罗·伏特。

1800 年，伏特向英国皇家学会做报告，展示了伏打电堆，他的发明很快得到了科学界的广泛关注，伏打电堆很快就被用于实验室中。苏格兰化学家威廉·克鲁克尚克（William Cruickshank）研制了水平的电堆，他将锌板和铜板装在一个绝缘的木箱中，这种经改良的电堆大受欢迎。

戴维的发现

戴维是最伟大的科学家之一，他因对一氧化二氮（笑气）等气体的研究而出名，是一名愿意冒生命危险做实验的无所畏惧的研究者。为戴维写传记的作者理查德·霍尔姆斯（Richard Holmes）这样说：“他对自己进行了所有测试……鲁莽得不可思议……他在很多次实验中近乎丧命。”

戴维于 1801 年在伦敦皇家学院担任讲师，后来担任化学教授。他的演讲非常受欢迎，吸引了数百名听众，他成为被视为公众人物的科学家之一。

伏特的发明不久之后就引起了戴维的注意，戴维很快就在自己设备齐全的实验室中组装了伏打电堆。戴维推测，该电堆的电力来自化学反应，

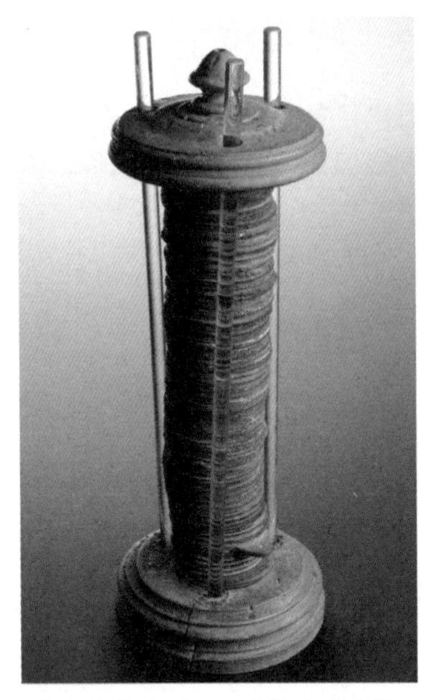

伏打电堆表明，不同的金属在接触后产生了电流

他对不同类型的金属进行实验，发现电池中的一种金属总是被氧化。他认为只要其中一种液体能够氧化金属的一个表面，就可以仅使用一种金属和两种液体来制造电池。

威廉·尼科尔森（William Nicholson，1753—1815 年）是英国较早使用自制伏打电堆将水分解成氢气和氧气的人之一。戴维决定用电分解其他物质，看看会出现什么。

1807 年，戴维经过几次尝试，成功电解了苛性钾（氢氧化钾），产生了一种新的金属元素：钾。他一鼓作气，使电流流经苛性钠（氢氧化钠），又发现了另一种新元素：钠。

戴维的发现使电成为研究物质构成的有力新工具。在接下来的一年中，戴维利用电解又发现了四种元素：钡、钙、镁和锶。他说：“新工具更能促进科学的进步。”

因为可以用电将物质分解，所以戴维认为，将物质结合在一起的力本质上是电。他的研究影响了贝采利乌斯对物质原子理论的阐述。戴维在致英国皇家学会的一篇论文中写道：“我发现物质在本质上是相同的，只是其粒子的排列方式有所不同。”

人们对电的真正了解始于一个没有接受过正规教育的人——迈克尔·法拉第（Michael Faraday），他于 1813 年开始在伦敦皇家学院担任戴维的助手，协助戴维进行实验。在短短几年内，法拉第结合磁与电的双重现象，将科学带入了电磁的新世界。

戴维尝试使用伏打电堆

第七章

电磁学

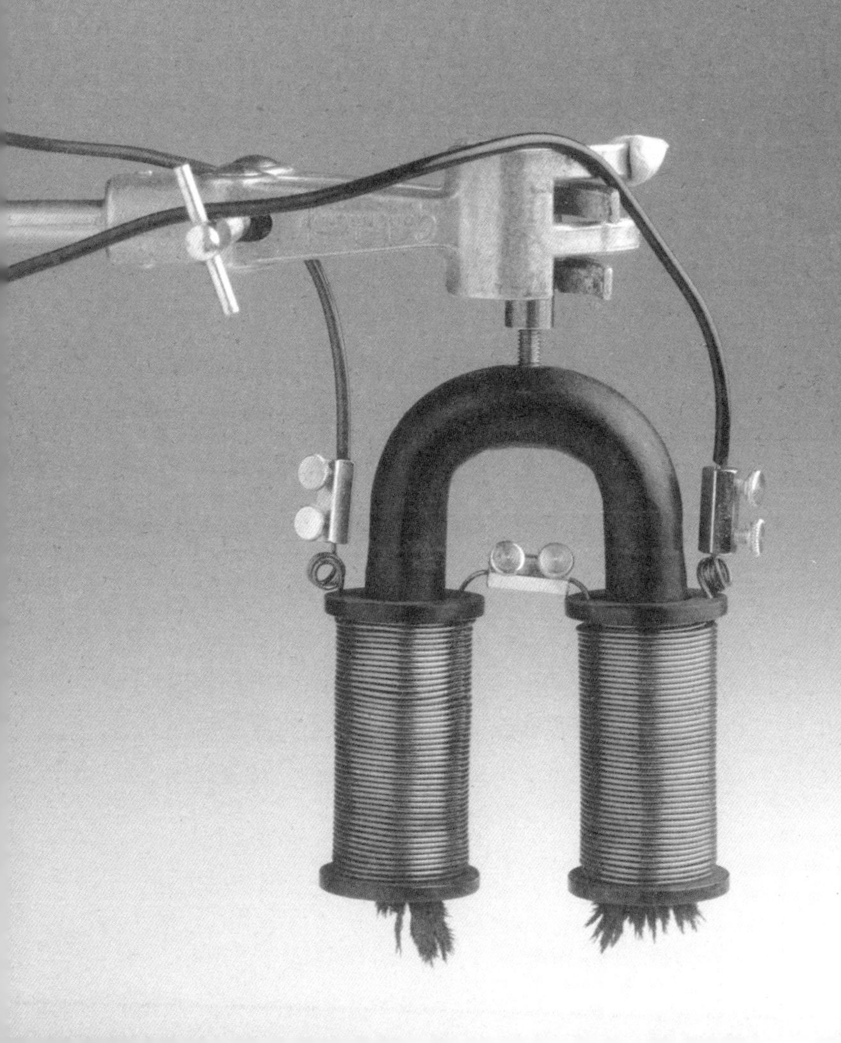

电磁学

电磁学时间表	
1780 年	奥古斯丁·德·库仑（Augustin de Coulomb）证明，静电荷和磁铁之间没有进行相互作用。
1820 年	汉斯·克里斯蒂安·奥斯特（Hans Christian Oersted）观察到罗盘指针受到了电流的影响。
1821 年	法拉第发明了第一台电动机。
1824 年	威廉·斯特金（William Sturgeon）制造了电磁铁。
1826 年	安德烈·玛丽·安培（André-Marie Ampère）提出了电动力分子的概念。
1831 年	法拉第和约瑟夫·亨利（Joseph Henry）分别发现了电磁感应。
1832 年	法拉第完善了电磁感应的概念。
1865 年	麦克斯韦用四个方程表示电磁现象，并介绍了电磁波的概念。

电产生磁，磁产生电——电与磁之间存在紧密联系，这个发现极具开创性。

直到 1820 年，大多数科学家还都认为磁力和电力虽然在某些方面相似，但它们是不同的力。法国物理学家库仑在 1780 年证明，静电荷和磁铁之间没有进行相互作用。但是，有证据表明它们之间可能存在某种联系。水手们的报告显示，在船桅遭到雷击后，罗盘的极性会颠倒。丹麦物理学家

奥斯特认为磁和电之间必定存在联系。

奥斯特发现了电与磁之间的关系

1820 年 4 月 21 日，奥斯特观察到一种现象，这证实了他的猜想。在设置演讲设备时，他注意到当指南针靠近电流流过的导线时，其偏离了正常的本应向北的方向，这对于奥斯特来说意义重大。进一步的实验证实了他的发现。他尝试了各种类型的导线，所有导线都导致罗盘指针偏斜，他发现，将木头或玻璃放在罗盘和导线之间无法屏蔽这种效果。他尝试了各种方向的罗盘和导线，发现电流在其周围产生了圆形磁效应，反向电流使指针向相反方向偏转。他确认电流会产生磁场并称其为“电对抗”。

1820 年 7 月 21 日，奥斯特在题为《论磁针的电流撞击实验》一文中发表了他的研究结果，在科学界引起了轰动。1820 年 9 月，弗朗索瓦·阿

安培为电磁学的研究奠定了基础

拉果在巴黎展示了电磁效应，安培（1775—1836 年）观看了他的展示。安培打算弄清楚为什么电流会产生磁效应。

安培复制了奥斯特的实验，不久后便有了新的发现。安培使用反磁铁来抵消地球磁场的影响，以更高的可靠性和灵敏度来检测奥斯特观察到的效应。他发现，如果电流以相同的方向流过两条相邻的平行线，则这些线会相互吸引；如果电流沿相反的方向流动，则这些线会相互排斥。在不使用磁铁的情况下，安培制造了磁力。他得出了现在人们所说的右手螺旋定律：如果右手的拇指沿着电线放置并指向电流方向，则右手的手指将沿磁力的方向卷曲在电线周围。

为了解释电和磁之间的关系，安培用一种新粒子解释这种现象，他称其为“电动力分子”，现在我们将其称为电子。安培认为大量的电动力分子在导体中移动，并指出它们在磁性物质内部的微小闭合电路中移动，他的推论是正确的。他还建立了一个数学方程，将磁场的大小与产生磁场的电流联系了起来。

安培关于电和磁的最重要的著作是《关于电动力学现象之数学理论的回忆录，独一无二的经历》（*Memoir on the Mathematical Theory of Electrodynamic Phenomena, Uniquely Deduced from Experience*），于 1826 年出版。他的理论为电磁学的发展奠定了基础。

迈克尔·法拉第

法拉第发明了电动机，还发现了电磁感应

法拉第（1791—1867 年）在 19 岁时就建造了自己的伏打电堆，他曾在伦敦的市哲学学会工作过。在参加了戴维在 1812 年举办的一系列化学讲座之后，法拉第将自己的演讲笔记寄给了戴维，请求担任戴维的助理。几个月后，戴维答应了法拉第的请求。

1813—1820 年，法拉第协助戴维进行实验，还结识了一些有名的科学家。1821 年，法拉第受邀为《哲学年鉴》撰写一篇文章，他总结了关于电磁学这个新兴领域的知识。为了解释奥斯特的发现，法拉第开始了他的研究。

法拉第在检验奥斯特关于通电导线具有圆形磁力的观察结果后，进行了一个简单的实验。他让一根导线穿过一张与导线呈直角的纸，上面散落着铁屑。当打开电流时，铁屑在导线周围形成了圆形图案。法拉第、戴维和物理学家威廉·海德·沃拉斯顿（William Hyde Wollaston）讨论了利用这种磁场产生运动的可能性。沃拉斯顿的实验失败了。法拉第进行了进一步的实验，发现了磁铁周围的力线。

法拉第认为，如果载有电流的电线被施加磁力，则磁力应在电线上施加相反的力。他进行了一个巧妙的实验，他准备了一个盛水银的烧杯，将一根磁棒垂直固定在中间。他将可以自由移动的电线从金属臂上悬挂下来，使其浸入水银中，从而搭建了一个电路。在 1821 年圣诞节那天，他进行了

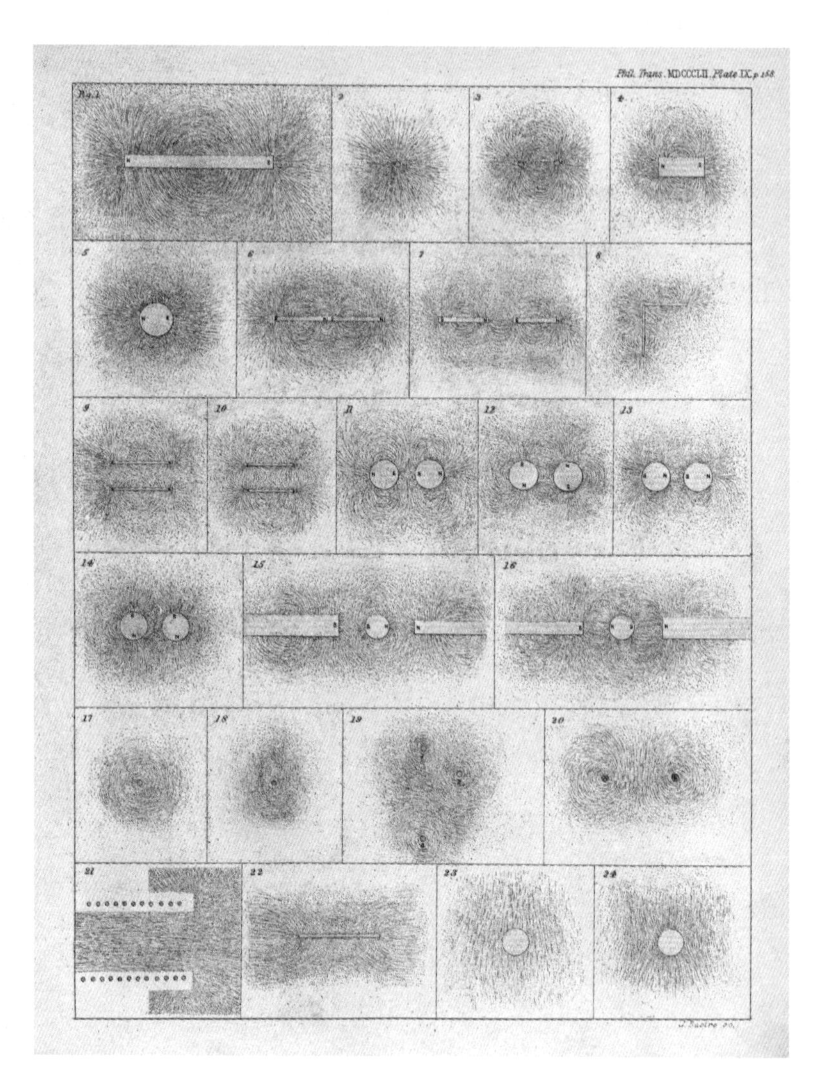

法拉第用铁屑精心绘制了磁场的形状

实验连接，他发现烧杯中的电线如他所愿地围绕磁铁旋转。流过导线的电流产生了磁场，该磁场与来自条形磁铁的磁场相互作用。法拉第演示了电磁产生的第一个连续的运动，并为电动机的发明指明了方向。然而法拉第忽略了戴维和沃拉斯顿的贡献，他们二人产生了不满。

电动机是将电能转换为动能的设备，法拉第在 1821 年的实验中发明了第一台电动机。1822 年，彼得·巴洛（Peter Barlow）用浸入汞槽的辐条轮代替了悬空的电线。当施加电流时，轮子开始旋转，这进一步证明了这种新发现具有广泛的用途。

电磁感应

在 19 世纪 20 年代，法拉第的大部分时间都花在了海军部的一个项目上，1831 年，他才得以继续从事电的研究。结果表明，法拉第的发现与 10 多年前奥斯特的发现相似。法拉第发现，在电路附近移动磁铁会使电路产生电流。磁铁移动得越快，产生的电流就越强。如果将导线盘绕起来，使更多的导线暴露在磁场中，则会使电流再次变强。法拉第拿起一个铁圈，在相对的两侧缠绕了两个线圈。第一个线圈连接到电池，第二个线圈与自身相连。法拉第认为，当第一个线圈接通电流时，铁圈中会产生磁场，这将导致电流在第二个线圈中流

法拉第发现了如何将电流转化为运动

动。起初，实验结果令人失望——法拉第在第二个线圈中未检测到电流。不过，他确实看到了一些奇怪的现象。

当第一个线圈接通时，他发现第二个线圈中电流的罗盘指针动了一下，然后返回到原始位置。当第一个线圈断开时，指针再次轻弹，这一次方向相反。法拉第立即明白了正在发生的事情——改变磁场产生的电流就像移动磁铁一样。通过快速接通和断开第一个线圈中的电流，可以使第二个线圈中产生电流。法拉第发现了电磁感应，他于 1832 年发表了他的研究结果，领先于亨利（1797—1878 年）。亨利也在他的电磁铁实验中注意到了这种现象。为了纪念亨利的发现，电感的国际标准单位被称为亨利（Henry）。

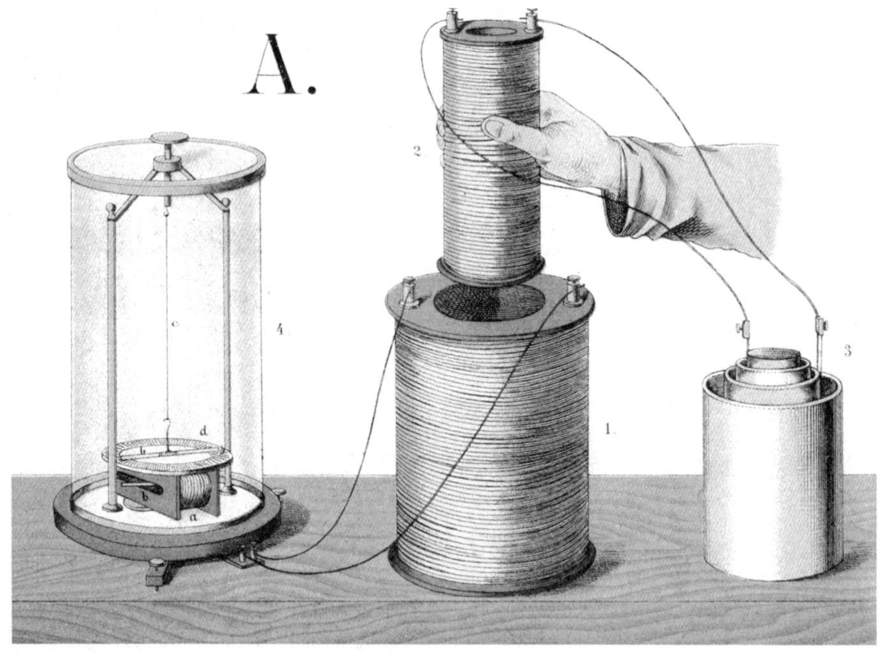

法拉第的电磁感应实验：在大线圈内移动小线圈会产生一个变化的磁场

磁和电是相关联的，这一点再也不容置疑了。这是一个改变世界的发现，电站产生的电力就源于此。

法拉第认为电、磁和光之间存在联系。1845 年，他在皇家科学研究所的地下室里进行了一项实验，他发现使用电磁体可以影响光束的偏振，这表明光确实具有电磁特性。法拉第在笔记本上写道："我终于成功地磁化了一束光。"这就是我们现在所说的法拉第效应，它是电磁场论发展的重要基石。

法拉第尝试解释磁铁如何在不与导线接触的情况下在导线中感应电流，以及电流如何使罗盘指针移动。为此，他提出了电磁场的观点。他指出，电磁场中存在力线，也称磁通线，其在人们看不见的空间中延伸——在铁屑散落在磁铁上方薄板上形成的图案中，这些线是可见的。根据法拉第的磁场理论，磁力线集中在磁体周围，而不是在磁场的磁体上形成的。磁铁不是磁力的中心，而是通过自身来集中磁力的。磁力不在磁铁中，而是在磁铁周围的磁场中。

电磁铁

安培在实验中将一根铁棒放在线圈中，他发现当电流接通时，铁棒就像永磁体。1824 年，英国皇家炮兵军官斯特金通过在铁制马蹄铁上绕几圈裸铜线，制造了一个 U 形电磁铁。1829 年，亨利对此进行完善，他在较厚的 U 形铁芯周围使用多匝绝缘铜线，制造了可提起一吨铁的磁。电磁感应原理是指磁场变化会产生电流，亨利与法拉第被认为是这一原理的共同发现者。当时，奥斯特的发现问世不到 10 年，科学界就已经在寻找磁力的实际用途了。

电磁学的集大成者

物理学家麦克斯韦被大多数人称为有史以来最优秀的科学家之一。法拉第提出磁场理论后约 20 年，麦克斯韦认同了他的观点，并开始用数学方法表达法拉第的发现。爱因斯坦将麦克斯韦的电磁学研究描述为“自牛顿以来物理学中的最深刻、最丰硕的成果之一”。

电磁感应定律

法拉第的电磁感应定律指出，电路中的感应电压与通过该电路的磁通量或总磁场与时间的变化率成比例。换句话说，磁场变化越快，电路中的电压就越大。磁场变化的方向决定了电流的方向。电路中的圈数越多，电压越高。四个圈的线圈中的感应电压将是两个圈的线圈中的感应电压的两倍。我们可以通过让发电机旋转得更快来获得更高的电压。

麦克斯韦仅用四个短方程就成功地描述了法拉第和其他研究人员观察和记录的所有电磁现象。

麦克斯韦方程组描述了电力与磁力所有不同的方面，并为未来的实验提供了准确的依据。爱因斯坦在 1940 年写道：“物理学家花了几十年的时间才掌握了麦克斯韦的发现的全部意义，麦克斯韦的突破如此大胆，以至于他的同事们难以接受。”

麦克斯韦方程组描述了与电荷和电流相关的电场和磁场，以及电场随时间的变化。它们汇集了法拉第、安培等人数十年来对电磁现象的实验观察成果。麦克斯韦首次确定，不断变化的电场和磁场会以电磁波的形式在空间中无限传播，它们不断地交替产生。

我们可以把电磁波想象成两个沿相同方向但彼此呈直角传播的波。在这些波中，一个是振荡磁场，另一个是振荡电场。随着波的传播，这两个场彼此同步。麦克斯韦表明，电和磁总会结合在一起，有其中一个就不可能没有另一个。麦克斯韦用他的方程组计算出电磁波的速度为每秒 299 792 458 米，该值与所测到的光速一致。麦克斯韦认为这不可能是巧合，他提出光本身就是电磁波。在麦克斯韦方程组中，电磁波的速度是一个常数，由电磁波移动的空间的真空特性决定。宇宙的本质及电场和磁场的行为决定了电磁波的传播速度。

麦克斯韦准确地预测到电磁波应该有一个范围或频谱。当时科学家在可见光谱的两端发现了人眼不可见的红外光和紫外光，并证明了它们具有与可见光相同的波状特性。麦克斯韦去世后，长波无线电波、波长极短的 X 射线、伽马射线被科学家发现，光谱范围进一步扩大了。

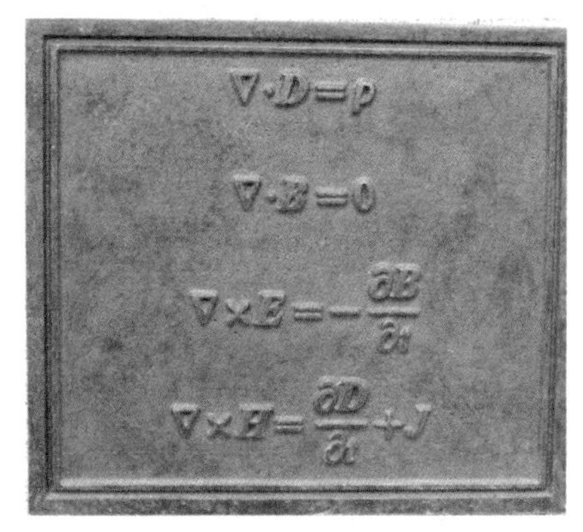

麦克斯韦方程组

第八章

热力学

热力学

热力学时间表	
1698 年	蒸汽机发明。
1761 年	约瑟夫·布莱克（Joseph Black）发现了潜热。后来，拉尔夫·富勒（Ralph Fowler）依此提出了热平衡定律，即热力学第零定律。
1787 年	拉瓦锡提出了热量的概念，又称热质。
1798 年	伦福德发现了摩擦生热现象。
1811 年	约瑟夫·傅里叶（Joseph Fourier）提出了热传导理论。
1820 年	尼古拉·卡诺（Nicolas Carnot）奠定了热力学基础。
1841 年	朱利叶斯·罗伯特·范·迈尔（Julius Robert Von Mayer）提出力量守恒定律。
19 世纪 40 年代	迈尔和詹姆斯·焦耳（James Joule）各自独立提出热功当量的概念。
1848 年	威廉·汤姆森（William Thomson）提出了绝对温标概念。
1850 年	鲁道夫·克劳修斯（Budolf Clausius）提出了热力学第二定律：热总是从高温端流向低温端。
1860 年	古斯塔夫·基尔霍夫（Gustav Kirchhoff）引入了“黑体”概念。
1876 年	路德维希·玻尔兹曼（Ludwig Boltzmann）解决了所谓的“可逆性佯谬”。
1900 年	马克斯·普朗克找到了解决“紫外灾难”之道，提出能量是以量子的形式发射的。

大约在 18 世纪初，随着温度计被投入使用，人们能够更精准地检测温度和热流。爱丁堡大学的教授布莱克注意到，如果把不同温度的物体放在一起，它们最终会达到相同的温度，也就是我们现在所说的热平衡，此时就不会再有热流。最终，在 20 世纪 30 年代，英国物理学家富勒将此提炼为热力学第零定律（热平衡定律）。他指出，若两个热力学系统均与第三个系统处于热平衡状态，则这两个系统就互相处于热平衡状态。

18 世纪的科学家在做电的实验时，曾推测电是一种无形流体。热，也许也是一种流体，仿佛在无形中从一处流到另一处。1787 年，现代化学的奠基人之一拉瓦锡列出一张有 33 种元素的清单，上面都是在化学过程中无法分解为更简单形式的物质。除了氢、氧和硫，清单中还包括热质

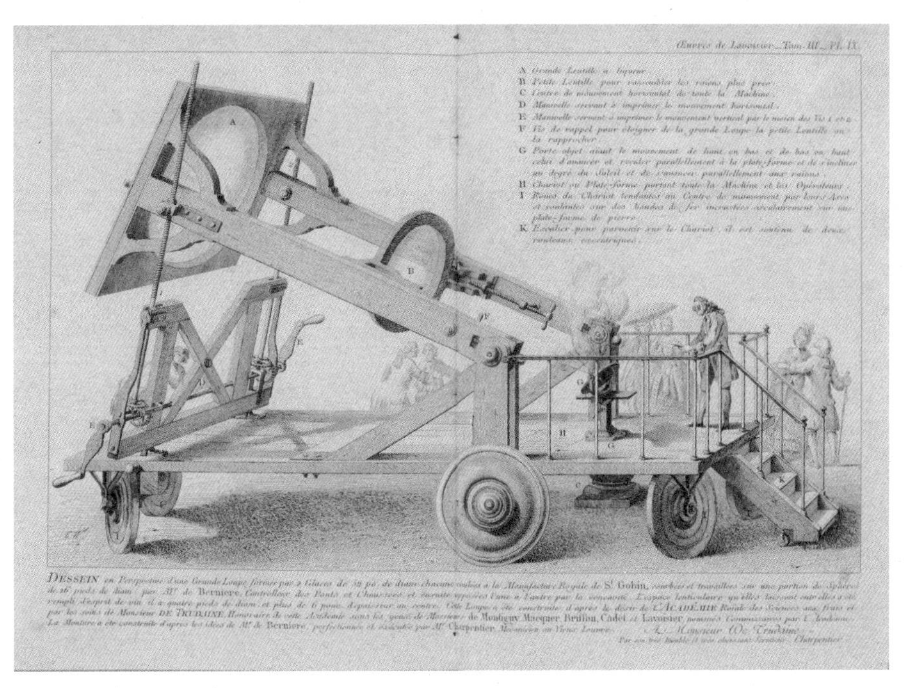

拉瓦锡的太阳能炉装置

伦福德展示了摩擦炮筒产生的热高于热流体产生的热

（卡路里）或称热流，也就是热的无重量实体。拉瓦锡提出，热物体比冷物体含有更多的热流体，而热流体粒子间相互排斥，导致热从高温物体流向低温物体。热质理论也可用于解释物质的相变——从一种状态变为另一种状态。固态原子间的热流削弱了原子间的吸引力，原子从固态融化为液态，继续集聚的热流把原子分开，导致其汽化为气体，每个气体原子或分子被一个热流球所包围。

傅里叶提出了热传导理论

在18世纪与19世纪之交，拉瓦锡的热质假说受到了挑战，其中就有1798年本杰明·汤普森（Benjamin Thompson，1753—1814年，也称伦福德伯爵）的发现。伦福德出生于北美殖民地马萨诸塞州，是一位才华横溢的工程师和发明家。他在慕尼黑时惊奇地发现，用钻头加工炮筒，炮筒在短时间内就会变得非常热。伦福德认为，热是由钻头和炮筒之间的摩擦产生的，而非此前假设的炮筒释放的热流体。他写道："在这些实验中，摩擦产生的热看上去取之不尽、用之不竭……与外部绝热的物体，不可能无穷无尽地提供热物质。"

1811年，傅里叶（1768—1830年）提出了热传导理论。该理论指出，两点之间的热流速度与两点之间的温差成正比，与距离成反比。傅里叶并没有推测出热的实质，只是考虑了热怎样运作，他的理论建立在观察和实验的基础上。

在工业革命之前，机械动力来自自然能够提供的风、水，以及人和动物。蒸汽机的发明改变了这一点。但是，蒸汽机的效率极低，燃烧的燃料中只有约3%被转化为有用功。工程师尝试了各种不同的方法来提高蒸汽机的效率，但受到了阻碍，因为他们并不了解热量传递的方式。对热量传递的研究，促进了热力学的发展。

卡诺热机

1820 年，一位名叫卡诺（1796—1832 年）的年轻法国军人正在研究热量传递问题，他为热力学的发展奠定了基础。卡诺想用一种方法来提高法国蒸汽机的效率，以此追赶英国。他将注意力放在了发动机的热量运动上，而非蒸汽机的运动部件上。他发现热能在发动机中的流动方式，与水在水轮上的流动方式有相似之处。水总是往下流动，水车利用往下流的水来运转，因此卡诺认为蒸汽机能利用热流体从热的物体“冲”到冷的物体上来运转。

蓄冷器 等温膨胀

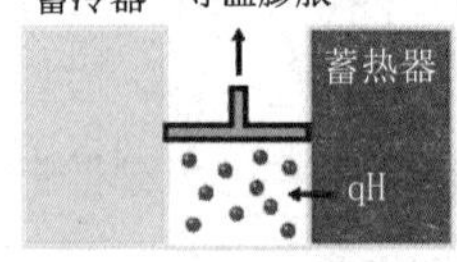

加热理想气体粒子
qH：来自蓄热器的热量

冷却的理想气体粒子
qc：从系统释放到蓄冷器的热量

卡诺循环开始前正常温度的理想气体粒子

蓄冷器 绝热膨胀

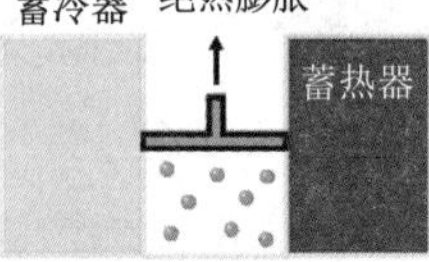

蓄冷器 等温压缩

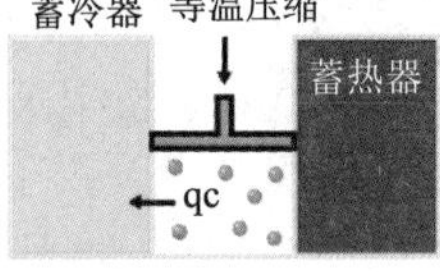

蓄冷器 绝热压缩

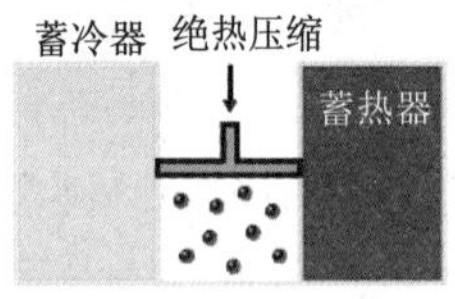

①来自蓄热器的热量导致气体膨胀并推动活塞对外做功（等温膨胀）。

②无须更多热量输入，气体继续膨胀，同时冷却（绝热膨胀）。

③逆过程使得气体压缩，导致热能损失（等温压缩）。

④当系统绝缘没有热量损失时，温度回升到原来水平（绝热压缩）。

卡诺奠定了热力学的基础

在蒸汽机中，热能用于将水转化为蒸汽，蒸汽被引导到蒸汽机中。一根管子连接到一个气缸，推动活塞。活塞是用来做功的，蒸汽冷却，水蒸气被排出，活塞复位，为下一个循环做准备。卡诺认为，如果消除了所有的摩擦，就有可能制造出一种可逆的热机。他设想了一种理想化的热机，在这种热机中，输出的功与输入的热相同，在转换过程中没有能量损失。在我们现在所说的卡诺热机里，气缸中加热的气体在膨胀时推动活塞。切断热源，热气体继续膨胀，膨胀的同时冷却。当活塞的方向反过来时，气体被压缩后产生的热量“流”到蓄热器中。在到达一定的程度时，蓄热器断开。然后进一步压缩，将气体加热到原来的温度，这时循环又开始了。在实验中，卡诺意识到，总会有一些热量不可避免地流失了，不过他的实验帮助蒸汽机提高了效率。

水轮机的效率可以用简单易懂的牛顿学说来计算。水的流速和落到水轮机上的高度决定了输入功率，而输出功率可以用在给定时间内已知的重量被提升的高度来计算。结合输入和输出的比例，就能确定水轮机的效率，但这种方法不能应用于蒸汽机。

热力学第一定律

能量是什么？这是一个表面上很简单但越思考越复杂的问题。它通常被定义为“做功的能力”，但到底是什么东西提供了这种能力？“纯能量”这种东西并不存在，它无法被放到烧瓶里测量。我们能测量的是能量的效果，而非能量本身。能量促使很多现象发生，但能量本身却是个谜。

科学家迈尔（1814—1878 年）和焦耳（1818—1889 年）的研究为热力学第一定律奠定了基础，这个定律可以简单表述为：能量既不能被创造又不能被消灭。

1840 年，德国医生迈尔成为随船医生，前往热带地区。在旅途中，迈尔发现了一些奇怪的事情。当他为生病的船员实施放血治疗时，他惊讶地发现，他们的静脉血和动脉血一样鲜红。但当船员回到凉爽的德国后，静脉血的颜色则暗得多。迈尔熟知拉瓦锡的理论，即食物的缓慢“燃烧”会产生人体所需的热量。他得出结论，在热带地区，保持人体体温所需的食物营养不需要那么多，因此，血液中产生的“废物”也会减少（所以在热带地区时静脉血比较红）。他将氧化的化学过程视为生命的主要能源。

迈尔不仅推测出食物会在体内转化为热量，还推测出身体可以做功，为此也必须提供能量。他得出热量和功可以互换的观点——我们吃的食物可以转化为热量，但总能量必须保持不变。他认为这一原则不仅适用于生物，而且适用于所有人们使用的能源系统。1841 年，迈尔撰写了他的第一篇科学论文，提出了所谓的力量守恒定律（这里的力量指的是能量），后来他计算出热功当量——产生单位热量所需做的功。

能量守恒

有一条铁律支配着所有已知的自然现象，即能量守恒。它指出，我们称之为能量的物理量是不变的。它并不是一种对机制或具体事物的描述，只是一个奇怪的事实。最开始我们可以计算某种数值，当我们完成对自然的观察，揭穿自然的把戏时，再次计算一次数值，它保持不变。

——理查德·费曼（Richard Feynman），1964 年

迈尔关于能量守恒的想法没能引起人们的注意，这归咎于他喜欢用一种晦涩的哲学风格来表达自己的思想。与此同时，一位英国酿酒师的儿子焦耳，也沿着与迈尔类似的思路进行思考，他是从另一个角度来进行研究的。迈尔率先提出热功当量的概念，随后焦耳也提出了这个概念，但焦耳最先用扎实的实验证明了这个概念。焦耳在滑轮的一侧连接了一个重物，另一侧是一个浸在水中的桨轮。当重物落下时，它拉动轮子转动，搅动存水。焦耳测量了轮

迈尔

子转动前后的水温，发现水温升高了。焦耳得出了和迈尔一样的结论，即热量和机械做功是等价的：一定量的做功可以转化为可测量和可预测当量的热。

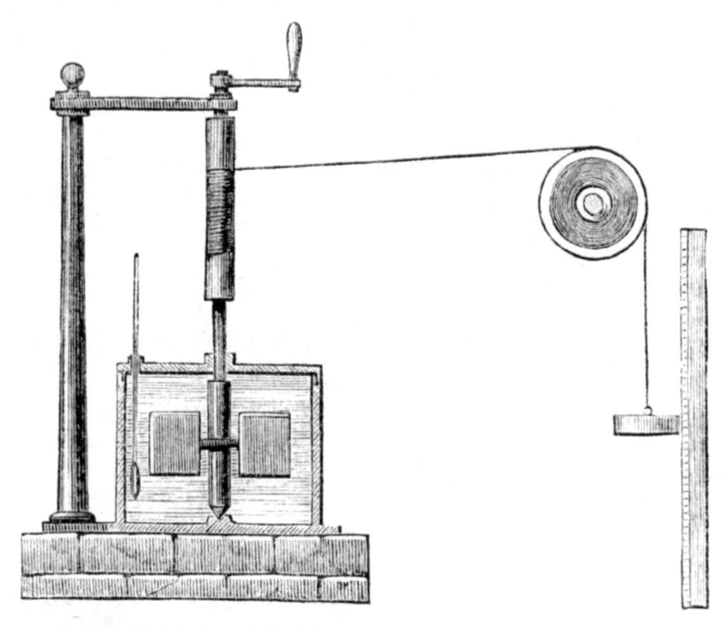

焦耳用来测定热功当量的仪器示意图

热力学第二定律

克劳修斯被大多数人称为热力学思想的奠基者之一。1850 年，作为柏林皇家炮兵和工程学院的物理学教授，他发表了一篇题为《论热的移动力及可能由此得出的热定律》的论文，阐述了对热和做功的看法，包括他发现的卡诺循环与能量守恒两者之间存在的问题。克劳修斯认为，物体的运动粒子的动能产生了热。他之所以认为卡诺的理论有缺陷，原因在于卡诺认为热机的“热流”并未守恒。进入冷源的热流少于来自热源的热量，而这部分差值即由热机做功补齐。

热质理论在描述固体中的热量流动时是有效的，即热量从高温区域流向温度较低的区域。如果热量从低温区域流向高温区域，能量守恒定律也同样有效。因此，克劳修斯提出了热力学第二定律，该定律指出：热量总是从高温的物体流向低温的物体，而不是从低温的物体流向高温的物体，最终系统将达到平衡状态，例如，一杯冷却的咖啡不会自己变热。这个定律有很多表达形式，威廉·汤姆森（也就是开尔文勋爵）是这样表达的：“不可能从单一热源取热使之完全变为有用的功而不产生其他影响。”

1848 年，基于卡诺的热质理论，汤姆森在热力学方面的研究助力他提出了绝对温标的概念。绝对温标被广泛使用，在人们更好地理解能量守恒定律以后，绝对温标才被精确定义。

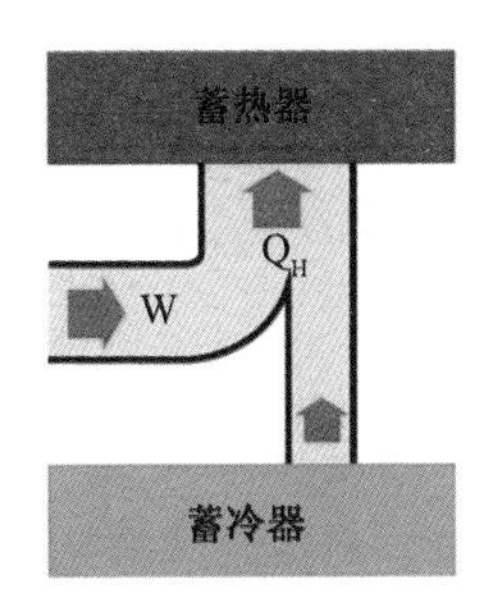

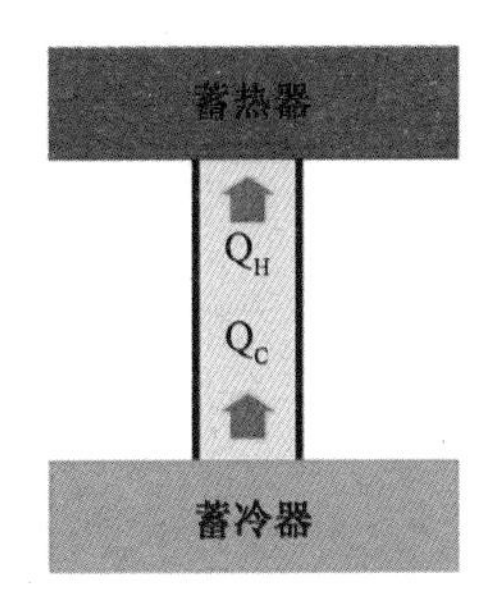

热力学第二定律指出，热量被禁止从冷区向热区流动，冰箱需要输入能量才能实现这一目标

熵和“时间之箭”

有些物理定律，如牛顿运动定律，是不依赖于时间的。在应用牛顿定

玻尔兹曼解决了可逆性佯谬

律时，如果我们知道一个物体现在是如何运动的，那么就可以计算出它过去及未来是如何运动的。这些定律是时间可逆的，无论在哪个方向上都成立，也无论我们是在计算未来的运动还是过去的运动。

根据动力学理论，热是原子运动的量度。原子越是激荡，热量就越大。运动物体的个别分子之间的碰撞是完全可逆的，但如果两种气体混合在一起，那么它们就永远不会自发地分离，无法回到原来的状态，不过，在理论上这也能实现。玻尔兹曼（1844—1906 年）用动力学理论解决了这个物理学中所谓的“可逆性佯谬”。在 1876 年，他提出系统的无序状态远比有序状态多，因此随机作用必然会导致更大的混乱。

这源于热力学第二定律，它决定了多数自然过程都是不可逆的，因为如果将自然过程倒过来，将涉及逆转的能量流，而这是热力学第二定律所禁止的。熵（广义上定义为无序的衡量标准）和能量是相似的，一个系统具有一定的“熵含量”，就像它具有一定的“能量含量”一样。热力学第一定律保证一个系统的能量总是守恒的，热力学第二定律则确保一个孤立系统的总熵含量不会减少但可以增加（通常如此）。

宇宙的演化不可阻挡地从低熵状态（有序）到达高熵状态（无序），这与牛顿力学的时间可逆性相矛盾。从过去指向未来的“时间之箭”的概念，由天文学家爱丁顿率先提出。玻尔兹曼通过确定热力学第二定律的概率描述，解决了可逆性佯谬。构成一个物体的无数原子和分子，都永远处在随机运动中。有一种微小的可能性，打碎的鸡蛋分子会朝着正确的方向移动，重新组合成一个鸡蛋。但这种情况发生的概率实在是太小了，打碎的鸡蛋的变化实际上是不可逆的。爱因斯坦称玻尔兹曼的理论“酷毙了”。1902—1904年，爱因斯坦也在研究热力学第二定律，构建了一个“热的一般分子理论”，将玻尔兹曼关于气体的研究扩展到其他物质。

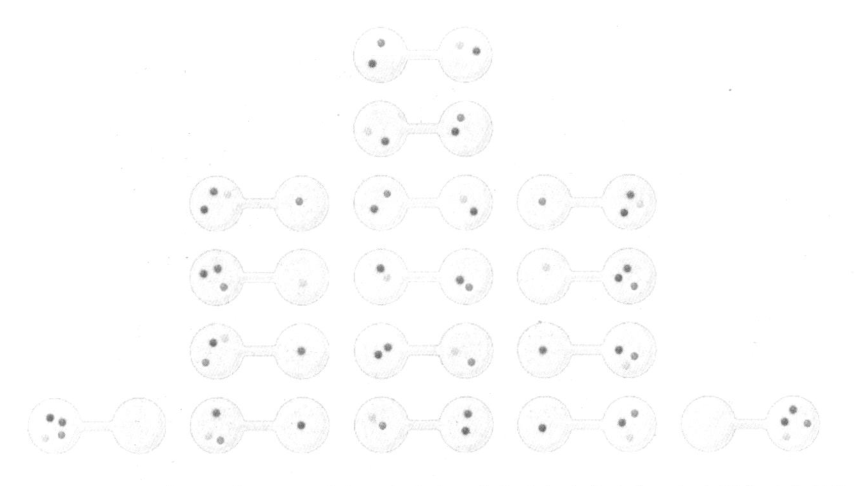

气体的分子在两个容器之间的分化方式比所有分子都有序地在一个容器中时多得多

根据热力学第二定律及熵的不可逆性，宇宙作为一个封闭的系统，最终一定会逼近一种状态，在这种状态下，它的熵将可能到达最高点。宇宙将达到一种平衡状态，在这种状态下，所有形式的燃料都将消耗殆尽，所有可利用的能量都将转化为热能，整个宇宙的温度将是均匀的，没有任何热量从一个地方流向另一个地方，因此也没有任何功可做。用爱丁顿在20世纪30年代提出的观点来说，宇宙将进入最后的终态“热寂”。

热辐射

热能从一个地方转移到另一个地方，有三种转移方式：通过固体的热传导，通过液体的热对流，以及热辐射。这种热辐射就像无线电波、可见光和 X 射线，是电磁辐射的一种形式。电磁辐射是由麦克斯韦在 1865 年左右提出的。

英国天文学家威廉·赫歇尔（William Herschel，1738—1822 年）是最早发现热和光之间联系的人之一。1800 年，他在可见光范围内的不同点测量温

普朗克，量子物理学之父

度，他注意到当他将温度计从光谱的紫色端移动到红色端时，温度随之升高。他惊讶地发现温度计记录的温度上升并超过了光谱中的红色端，在那个谱段，光是不可见的。他发现了红外辐射，它是我们肉眼不可见的，但可以检测到它的热量。

1858 年，物理学家巴尔弗·斯图尔特（Balfour Stewart）发表了一篇名为《关于辐射热的一些实验的说明》的论文。他一直在检测不同物质吸收和散发热量的能力，并发现在某一波段吸收能量的物质，也在发射同一波长的能量。两年后，德国物理学家基尔霍夫独立于斯图尔特的研究，得出了类似的结论。他的同侪物理学家发现，基尔霍夫的研究比斯图尔特的研究更严谨。其结果是，虽然斯图尔特是这个现象的第一发现者，但他的贡献基本上被遗忘了。

我们可以想象一下，一个物体能完美地吸收它所接收到的所有电磁辐射，由于没有任何辐射从它身上反射，它所发出的所有能量都只取决于其自身的温度。物理学家把这些假想的对象称为“黑体”，这是由基尔霍夫命名的。基尔霍夫提出了热辐射定律，即处于热力学平衡的物体，其表面吸收的辐射量等于任何给定温度和波长下的发射量。物体在给定波长下吸收辐射的效率等同于它在该波长上发出的能量效率。简单来说，吸收率等于发射率。黑体的大部分能量输出都集中在一个峰值频率附近，该频率随着温度的升高而加快。能量发射波长在峰值频率周围扩散，形成一个独特的形状，被称为黑体曲线。

1893 年，威廉·维恩（Wilhelm Wien，1864—1928 年）发现了温度变化和黑体曲线形状变化的数学关系。他发现，最大辐射量处的波长乘以黑体的温度总是一个常数。这意味着，对任何温度而言，其峰值波长都可以计算出来。这就解释了为什么物体会随着温度的升高而改变颜色。

瑞利（如图）和金斯试图解释黑体辐射的尝试在较高频率下失败了

随着温度的升高，峰值波长降低，从较长的红外波转为较短的蓝白色紫外线。但到了 1899 年，更精确的实验显示，维恩的推测在红外谱段并不成立。

1900 年，瑞利（Rayleigh）和詹姆斯·金斯（James Jeans）提出了一个新的公式，这解释了在光谱的红色端发生了什么，但他们很快就遇到了问题。根据瑞利和金斯的理论，黑体辐射将产生没有上限的高频电磁波，这意味着产生了无限量的高能量波。这就是所谓的“紫外灾难”，显然这是错误的，但瑞利方程的推导基于完备的物理原理，没有人能够解释它为什么不成立。

同年，柏林的普朗克也在研究黑体辐射理论。1900 年 10 月，他提出了一个和所有实验的测量结果一致的黑体曲线解释。他的答案具有颠覆性，用一种全新的方式看待世界。

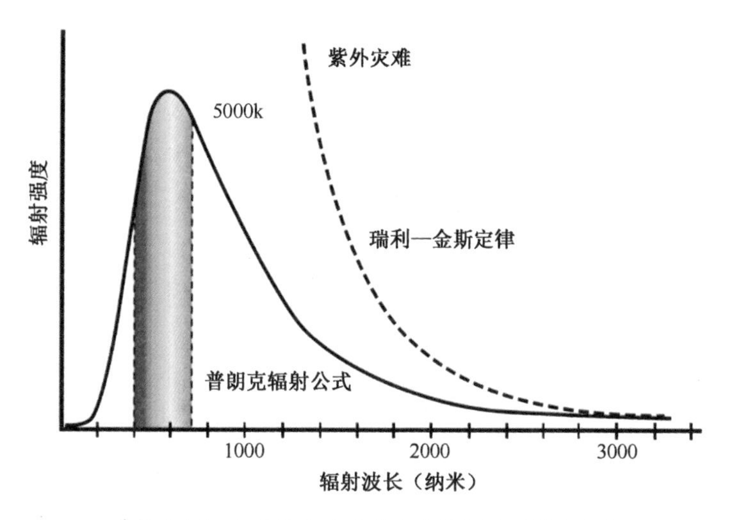

普朗克辐射公式避免了瑞利和金斯预测的紫外灾难

普朗克提出，要想规避紫外灾难，就要假设黑体发射出的能量不是连续波，而是离散片段，他称之为量子。1900 年 12 月 19 日，在柏林举行的德国物理学会会议上，他发表了自己的研究成果，这标志着量子力学的诞生和物理学新时代的开始。

绝对零度

任何时候，宇宙中的所有物体都在相互交换电磁辐射。这种能量从一个物体到另一个物体不断流动，防止了物体被冷却到绝对零度，即理论上的最低温度，此刻物体不传递任何能量。凡是温度高于绝对零度（−273.15℃/−459.67° F）的物体就会发出辐射。物体越热，它发出的能量就越大。如果一个物体足够热，那么它所发出的辐射就可能是可见光。在相同的温度下，所有被加热的物体都会发出相同颜色的光。

第九章

万物相对

万物相对

相对论时间表	
1887 年	阿尔伯特·迈克尔逊（Albert Michelson）和爱德华·莫雷（Edward Morley）使用干涉仪进行实验，发现光速始终保持不变。
1889—1892 年	亨德里克·洛伦兹（Hendrik Lorentz）和乔治·菲茨杰拉德（George Fitzgerald）各自独立提出了解释迈克尔逊—莫雷实验结果的相同的理论：洛伦兹—菲茨杰拉德收缩。
1905 年	爱因斯坦提出狭义相对论，包括著名的方程 $E=mc^2$。
1907 年	赫尔曼·闵可夫斯基（Hermann Minkowski）创建了一种时空图。

物理学中的相对论思想相当简单明了。我们已经了解了伽利略的力学相对性原理。伽利略断言，对所有自由运动的观察者来说，无论他们的运动速度如何，物理定律都适用且相同。牛顿在他的第一运动定律中指出，惯性状态，即以恒定的速率和方向运动，是任何不受力作用的物体的默认状态。惯性运动简单来说就是匀速直线运动。匀速运动的物体，相对于其他物体以恒定的速度和方向运动，可以说共用一个惯性参照系。

没有参照系的运动就没有意义，这是爱因斯坦相对论的基本观点。我们只有参照别的东西才能进行测量，除非规定了测量的参照物，否则说被测物体巨大或者在快速移动都是没有意义的。只有当我们能说出它相对于什么在移动时，说某物在移动才有意义。对火车上的旅客来说，他们丢弃的报纸并没有移动，但对铁轨旁的观察者来说，报纸和旅客都飞驰而过。一个物体运动的速度取决于观察者相对于该物体的速度。

在爱因斯坦之前，人们普遍接受牛顿的绝对运动思想。在这个思想下，人们说一个物体是运动的，可以不用对照其他参照物；物体必然有一个绝对静止的状态。物体要么在运动，要么不在运动。牛顿写道："绝对运动是指一个物体从一个绝对位置转换到另一个绝对位置；而相对运动则是指物体从一个相对位置转换到另一个相对位置。"

爱因斯坦真正改变了我们对世界的认识

论运动物体的电动力学

电磁学的研究者法拉第已经证明了当在线圈内移动磁铁时，就会产生电流；如果不移动磁铁而移动线圈，也会产生电流。一般认为，存在两个不同的工作机制，一个是移动磁铁产生电流，另一个是移动线圈产生电流。究竟是移动磁铁还是移动线圈，取决于绝对静止的观念，这一点仍被大多数科学家认同。爱因斯坦提出，其实哪个物体在动并不重要，重要的是它们在相对运动中产生的电流。爱因斯坦不认同绝对静止，认为该观点既有缺陷又不必要。

爱因斯坦在 1905 年发表了他的论文《论动体的电动力学》，阐述了他的相对论原理。“同样的电动力学和光学定律在所有参照系中都成立，对于力学方程仍然有效。”

这印证了伽利略在 1632 年的推测。在所有的惯性参照系中，物理定律都是一样的，任何实验都会产生符合这些物理定律的结果，并且在惯性参照系中，任何实验都无法确定观察者的运动情况。

迈克尔逊和莫雷

波需要某种介质来承载，如声波会通过空气传到人们的耳朵里。那么电磁波是如何透过真空传播的呢？19 世纪的科学家认为，光也必须通过某种介质传播，他们称之为“以太”。当地球绕着太阳的轨道运动时，地球表面

迈克尔逊（如图）和莫雷使用干涉条纹精确地测量光速

的以太流动会产生一种“以太风”。一束光穿越以太进行传播，如果顺风而行，那么速度应加快；如果逆风而行，那么速度应减慢。美国科学家迈克尔逊（1852—1931 年）和莫雷（1838—1923 年）进行了一系列精确的实验，旨在测量以太对穿越其中的光的影响。他们在 1887 年进行的实验中测定了不同方向的光速，从而确定了以太相对于地球的运动速度。

为了进行测量，迈克尔逊设计了一个叫作干涉仪的装置。光源发出的光束通过一面半银镜，分成两束互呈直角的光束。然后，光束被两个以上的镜面反射回中间。这些光束重新组合，会产生一个可以通过目镜观察到的干涉条纹图案。光束在镜面间传输过程中时间上的任何变化，都会被反映到干涉条纹的图案上。如果以太理论是正确的，那么光束的速度会随着光线相对于地球转动方向的不同而改变。

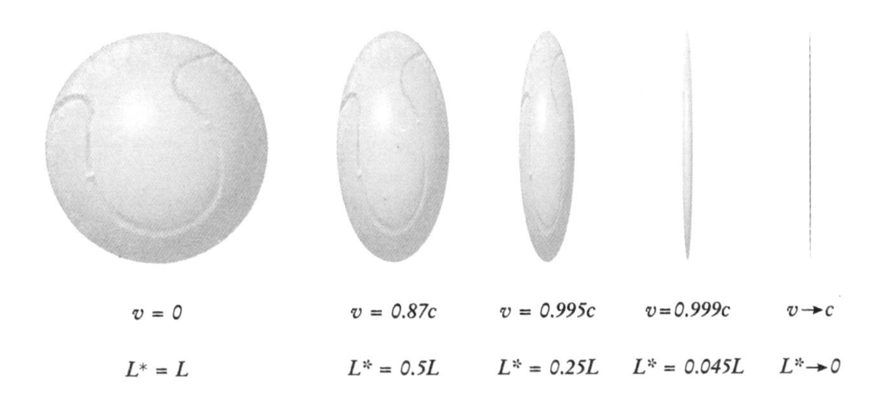

爱因斯坦指出物体沿着其运动方向收缩，这被称为洛伦兹—菲茨杰拉德收缩

迈克尔逊和莫雷发现，无论他们如何转动装置，测量结果都没有发生变化。这和他们在一天当中哪个时间点测量无关，光束的速度总是相同的。

洛伦兹试图解释迈克尔逊—莫雷的实验结果

物理学家都对这个结果感到困惑。这是否意味着以太不存在？没有人质疑迈克尔逊和莫雷实验的可靠性，但人们很难接受这个结论。迈克尔逊重复了这个实验，甚至在山顶上也试了试，但光速依然如故——如果以太确实存在，那么它对光速为何没有任何影响？

物理学家在寻找解释这些发现的方法，以契合以太假说。针对这个问题，荷兰物理学家洛伦兹（1853—1928 年）和爱尔兰物理学家菲茨杰拉德（1851—1901 年）各自独立提出了相同的解决方案。1889 年，菲茨杰拉德发表了一篇短论文，指出迈克尔逊—莫雷实验可以通过一个假说加以解释，即物体在以太中运动时，其长度会缩减。1892 年，洛伦兹提出了一个相同的观点：该长度收缩几乎微不足道。其后，他们的观点被称作洛伦兹—菲茨杰拉德收缩。对于一个地球大小的物体来说，只收缩了几厘米，但这也足以解释迈克尔逊和莫雷的实验结果。对此，爱因斯坦则指出，物体确实会收缩，并非洛伦兹和菲茨杰拉德所说的原因。

时间是什么？

牛顿写道：“时间存在于自身之中，它均匀地流动，无须参照任何外部事物。”在牛顿看来，无论你在哪里测量，时间总会以同样的速度流逝。如果我们的计时器都是准确的，那么我的十秒钟就是你的十秒钟。

麦克斯韦已经证明了电磁波的速度在真空中是固定的，是一个常数。大多数事物可能是相对的，但光速是绝对的，这由宇宙的本质决定。因为麦克斯韦方程在任何惯性参照系中都成立，两名观察者相对运动，各自测量一束光相对于自己的速度，都会得到同样的答案——即便一个人与光束同向移动，另一个人远离光束。狭义相对论源于一个简单的事实，对所有的观察者来说，光速是一个常数。

想象一下，向一个正以一半光速远离你的太空船发送激光。常识是，激光会以一半光速到达太空船，因为它要追上太空船，但这是错误的。该激光仍将以约 300000 千米/秒的速度到达太空船。速度等于行进的距离除以所需的时间，即 $v=d/t$。所以，如果光速 v 始终保持不变，那么无论其他两个值是多少，d（空间）和 t（时间）必须改变。对于你和太空船上的飞行员来说，要想对激光到达太空船的速度达成共识，你们必须对所需的时间达成一致。由于光速保持不变，所以太空船的时钟必须运转得更慢。

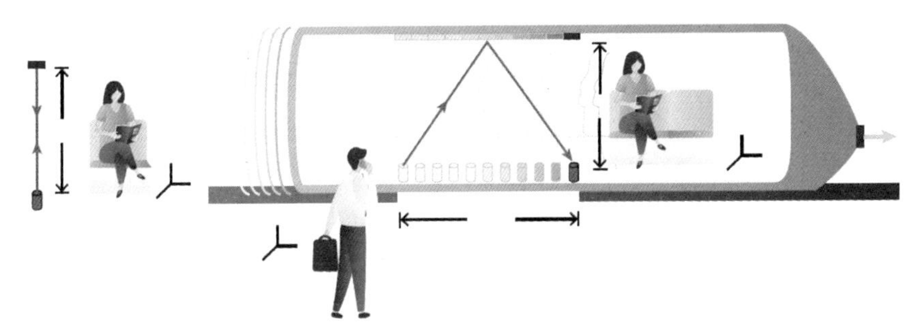

由于反射光束以同样的速率传播得更远，因此对铁轨边的旁观者而言，时间要比火车上的观察者过得快

爱因斯坦称，时间在所有移动的参照系中都会以不同的方式流逝，这意味着处于相对运动中的观察者，他们的时钟会以不同的速度运行。时间是相对的。

根据狭义相对论，你穿越空间的速度越快，你的旅行时间越慢。在接近光速的时候，事件之间的间隔时间会延长，所以时间似乎变慢了，这种现象叫作时间膨胀。如果一个物体能达到光速，那么时间将几乎完全停止。正如沃纳·海森堡所言："这是对物理学基石的根本性颠覆。"欧洲核子研究中心的科学家尝试解释大型强子对撞机的原理，在粒子以接近光速的速度撞在一起的实验中，必须考虑到时间膨胀的影响。

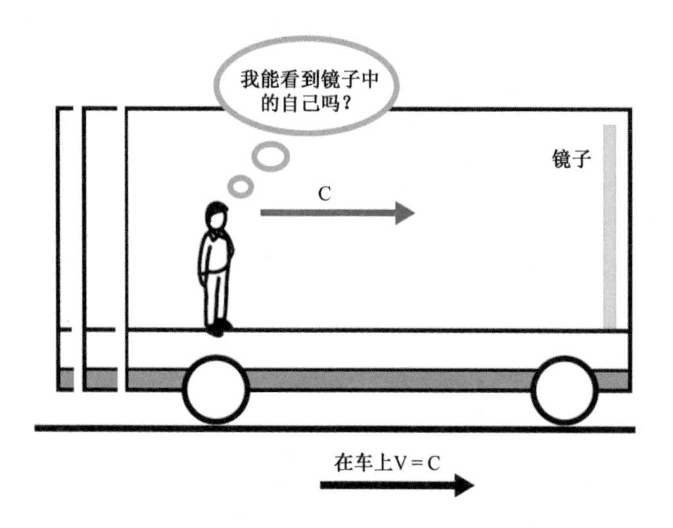

爱因斯坦问自己，如果以光速运动，他能否看到镜子中的自己？结论是可以

更快，更短

爱因斯坦在《狭义相对论》一文中没有提及迈克尔逊和莫雷的实验，他表示自己并未听说过他们。然而，1931 年，他向迈克尔逊和莫雷说："你们把物理学家引入新征途，你们的非凡实验，为相对论发展铺平了道路。"

在大型强子对撞机内，科学家在评估实验结果时必须考虑相对论效应

爱因斯坦问了自己一些问题：假如拿着一面镜子以光速旅行，我会看到自己的镜像吗？如果镜子以光速运动，那么光如何到达镜面？通过这类思维实验，爱因斯坦奠定了相对论的基础。如果光速是一个常数，那么无论爱因斯坦运动的速度有多快，从爱因斯坦到镜子的光再回到爱因斯坦身上，都始终保持约 300000 千米/秒的速度，因为光速不变。为了计算成功，不仅时间要放慢，而且距离也要缩短，光束所传播的路程必须减少。

想象一下，一个飞船的两端都安装了镜子，在镜子之间有一个光脉冲来回反弹。当飞船接近光速运行时，这束光会怎样？

对于一个 150 米长的飞船来说，在静止状态下，光束的回程大约需要百万分之一秒。然而，在速度达到光速的 99.5%时，时间将膨胀约 10 倍，这意味着，在旁观者看来，往返程的时间现在只是十万分之一秒。然而，从后面的脉冲到前面的镜面还有更远的距离，因为前面的镜面以接近光速的速度后退。从前面到后面的光线回程时间更短，因为后面的镜面正以接近光速的速度冲向它。但无论镜子后退还是前进，光束总会以同样的速度到达，大约是 300000 千米/秒，因为光速不变。为了保持平衡，不仅时间要放慢，而且光束的移动距离也必须减少。

在速度达到光速的 99.5%时，距离缩短了约 90%——与时间膨胀效应类似。这种收缩只在运动的方向上发生，观察者只有在相对于该运动静止的状态下，才会明显感觉到收缩。以接近光速飞行的飞船内的船员，不会感觉到飞船长度或他们自己的任何变化，不过，当他们飞驰而过时，就会感觉与观察者的距离似乎缩短了。

空间收缩使星际旅行所需的时间缩短了。想象一个宇宙铁路网，轨道从一个恒星延伸到另一个恒星。飞船的飞行速度越快，轨道看起来就越短，离目的地的距离也越近。在 99.5%的光速下，飞船到最近的恒星需要大约五个月的时间。然而，对于一个地球上的旁观者来说，这趟旅行要花上四年多。

绝对时空

爱因斯坦认为，绝对时间和绝对空间应更改为绝对时空。相对论在数学上表明，空间和时间密不可分，当接近光速时，两者同时发生改变。只有同时考虑空间和时间，我们才能对光速下观察到的东西做出准确的描述。运动、距离和用时长短，所有的一切发生在时空不变的前提下，其几何关系严格取决于光速。绝对时空之于狭义相对论，正如绝对空间和绝对时间之于牛顿物理学。

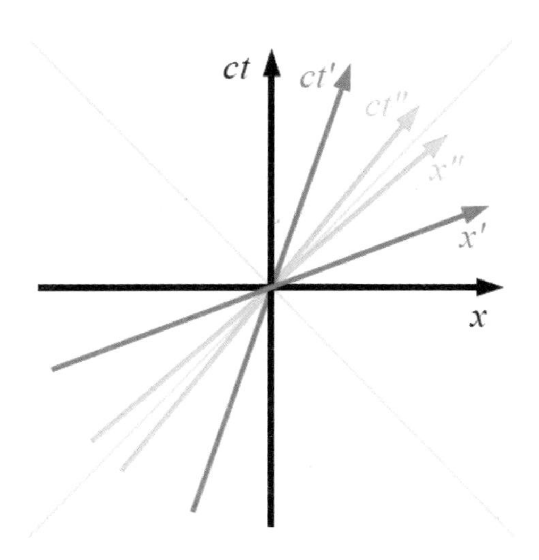

闵可夫斯基时空图绘制出一个对象在时空中到达的所有点

1907 年，数学家闵可夫斯基（1864—1909 年）创建了一种将物体在时空中移动的方式可视化的方法，其被称为闵可夫斯基时空图。这是一种图形化的方式，将相对论的一些奇特效应直观表现出来。闵可夫斯基时空图采用了一个坐标系，时间沿 y 轴垂直显示，空间则沿 x 轴和 z 轴显示。一个对象不是用一个点来表示，而是用一条线来描述对象所在的所有时空点，这叫作对象的世界线。

闵可夫斯基，爱因斯坦曾经的数学老师，说爱因斯坦作为学生是个“懒鬼”

闵可夫斯基时空图可以解释狭义相对论的一些令人费解的效应，如时间膨胀和长度收缩。在旧的牛顿物理学中，通过时间旅行和通过空间旅行被认为是两件独立的事情。但是，根据爱因斯坦的理论，事实并非如此。根据狭义相对论，一个对象在时间和空间中的聚合运动速度精确地等于光速，这是一个不能突破的速度上限。对于运动中的物体来说，时间必须放慢，否则穿越时空的聚合速度将超过光速。在达到光速时，所有的时空运动都变成了空间运动，时间运动全部消失。

想象一下，一架飞机在向南方飞行。如果改变航向而不改变速度，让它飞向西南方，那么它仍在向南飞，但没有以前那么快，因为现在它的部分速度用在了向西的方向上。用“时间”代替“向南”和用“向西”代替“空间”，情况是类似的。如果一个物体是静止的，即不在空间中运动，那么它所有的时空运动都会通过时间。如果它在做空间运动，那么它在时间中的运动则会放缓，因为它的部分时空运动被用于空间运动。

相对论效应适用于空间中的任何运动，即使是慢速运动。利用原子钟进行的实验表明，随飞机飞行的原子钟，比地面上类似的时钟慢了几千亿分之一秒。虽然差别不大，但是这与狭义相对论的预测完全吻合。

$E=mc^2$

物理学中最著名的方程之一是由狭义相对论衍生出来的。在 1905 年 9 月，爱因斯坦将这个公式发表在一篇只有三页长的短论文中，题为《物体的惯性是否取决于其能量》，作为后记。$E=mc^2$ 也被称为质能守恒定律，实际上是说，能量和质量是同一事物的两个方面。根据这个方程，一个物体得到或失去能量，就会得到或失去相应的质量。例如，物体运动的速度越快，动能越大，它的质量也就越大。光速是一个很大的数字——它的平方则是一个非常大的数字。这意味着，哪怕极小量的物质转化为其能量，输出的当量也是巨大的；但这也意味着，必须进行巨大的能量转换，质量才能明显增加。

第十章

时空弯曲

时空弯曲

时空理论时间表	
1907 年	爱因斯坦假设引力等价于加速度。
1915 年	爱因斯坦提出了广义相对论。
1916 年	爱因斯坦用广义相对论解释水星的进动异常。
1919 年 5 月 29 日	爱丁顿观测了日食，证实了爱因斯坦的“光被引力弯曲”的预言。
1962 年	双原子钟的实验证实了爱因斯坦的广义相对论的预言。
1974 年	阿雷西博天文台观测到脉冲双星，证明了引力波的存在。
2015 年	激光干涉引力波天文台（LIGO）首次探测到引力波。

为了易于计算，爱因斯坦将狭义相对论限于匀速运动的物体，而忽略了加速度和引力的影响。将引力纳入广义相对论是一项耗时 7 年的高强度工作，物理学家丹尼斯·奥弗比（Dennis Overbye）将其描述为“物理学史上一个人持续进行的最惊人的努力”，广义相对论改变了我们对宇宙运行方式的认识。

感受万有引力的牵引

如何让人感知万有引力？它是一种超距、无须任何物理接触就能起作用的力。此外，与其他作用力不同，引力无法屏蔽。牛顿的万有引力定律已经被无数次观察和实验验证。牛顿认为，万有引力是瞬间作用并感知的。

如果太阳突然消失，那么地球会在同一瞬间脱离轨道，我们根本等不到 8 分钟后最后一束阳光的到来。

爱因斯坦和伽利略都曾指出，如果双方都在做匀速运动，那么就不可能确定双方是否真的在运动。所有相对于彼此匀速运动的观察者，都会说自己是静止的，是其他人在动。

加速运动则完全不同。如果改变了速度或方向，那么我们就可以感觉到。加速导致惯性力——一种抵制速度或方向改变的力。当你的车在路上拐弯时，这种力使你向一边倾斜。

伽利略曾证明大、小石头落地的时间相同，因为两块石头以同样的加速度落向地面。牛顿用他的第二运动定律解释道：力等于质量乘以加速度。万有引力使所有物体以同样的速度加速而无视其组成，这叫作“自由落体的普遍性”或“等效原理”。在牛顿理论中，物体的惯性质量，即其对加速度的阻力，和它的引力质量完全匹配，由作用于它的引力强度决定。爱因斯坦认为，这不可能是巧合。

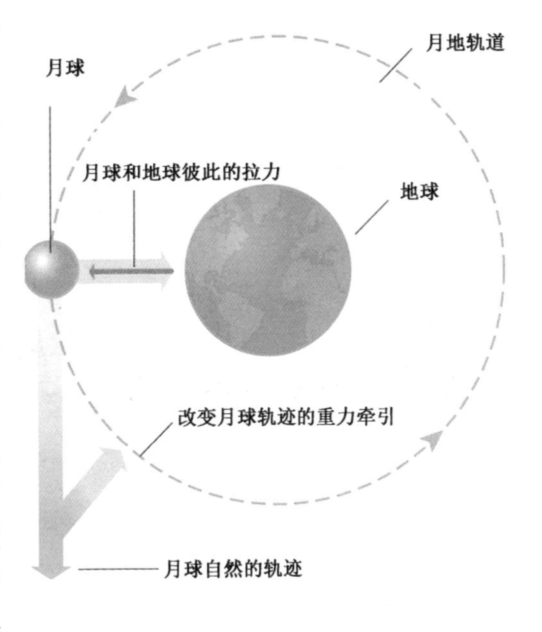

牛顿引力

1907 年年底，爱因斯坦产生了他称之为“最开心的想法”。他意识到引力和加速度其实是一回事，如果没有参照系，就无法将两者区分开。1922 年，在日本东京讲学时，他说："我被这个简单的想法击中——一个自由掉落的人，他感觉是失重的。我惊呆了，它是如此深刻，推动我创立了万有引力理论。"

爱因斯坦的等效原理指出，匀加速度和引力的效应无法区分

在爱因斯坦的另一个思想实验中，他按下述思路完善了他的设想：想象一下，你从一个舱室里醒来。你不知道这个舱室在太空中均匀加速运动。如果你向里面扔东西，那么惯性会使它们落向舱室底部，即与舱室的运动方向相反。所有物体都会以完全相同的方式落下，遵循伽利略和牛顿的运

动定律，无关它们的质量或组成。据此，我们可以合理地推断出舱室里面必然有一个引力场在起作用。

爱因斯坦的推论是，加速度不只是产生了一种类似于引力场的效应，它本身就是引力场。他提出了一个等效原理，即匀加速度和引力的效应是无法区分的，加速会产生引力场。根据爱因斯坦的等效原理，舱室内人员是否加速运动取决于观察视角。舱室外的观察者会看到它在空间中均匀加速通过，而舱室内的人就会认为自己处于一个引力场中，两种观点都是合理的，这就造成惯性质量和引力质量相等。检验广义理论中引力质量和惯性质量相等的测试方法，已经精确到十万亿分之一，这和我们目前的设备能达到的精度一致。

光子频移

爱因斯坦的等效原理预言，引力会影响电磁波长。根据爱因斯坦的 $E=mc^2$ 和普朗克的 $E=hf$，光的能量和它的频率密切相关，一个逃逸出引力场的光子一定会失去能量。由于光子会保持光速，这种能量损失将以频率降低呈现，而不是速度降低。从地球表面射出一束光，当它到达空间轨道上的观察者那里时，光波频率会降低。这种光子频率降低的现象，对应于波长“红移”到频谱的低频率、长波端现象。

等效原理还预言了，光线将被引力弯曲。想象一下，一个光子穿射到在太空中加速运动的舱室里，此时舱室地板正向上加速，光子看起来就在向下弯曲。因为引力场等效于加速度，引力场会产生同样的效果。

频率变动的结果是时间变慢，低频率意味着波峰之间的时长增加。在空间轨道上的观察者眼中，空间轨道下面发生的事情需要更长的时间。这个效应即所谓的引力时间膨胀，意味着与大质量物体（产生引力场）距离不同的观察者，对两个事件进行时间间隔的测量，会得到不同结果。这直接导致在加速舱室外的观察者，即置身引力场外的人，看到的光子轨迹是一条直线，但在舱室内的观察者看到的是一条较长的曲线。因为光速不变，舱室内的时钟必须比舱室外的时钟走得更慢，才能保证这两项观察在同一时间内完成。

广义相对论的这一预言在 1962 年得到了证实，研究者将两个极其精确的原子钟一个放置在塔顶，另一个放置在塔底。塔底的钟，也就是地球重力井中最深的那个钟，运行速度比塔顶的钟慢，这完全符合爱因斯坦的预测。

爱因斯坦的引力

牛顿认为，引力是作用在物体之间相向牵拉的一种力。爱因斯坦的万有引力理论以迥然不同的方式定义了引力，他认为质量导致时空变形。空无一物的时空，即狭义相对论下的时空，是平坦的。但凡有质量存在的地方，时空就会弯曲。球体表面没有直线，弯曲的时空中也没有直线。在弯曲时空中，我们能得到的最接近直线的是测地线，这是一条尽可能直的曲线。被引力拉向一颗行星的陨石，是沿其在空间的直线轨迹运动的，并未偏离。行星的存在使时空发生了扭曲，改变了这条空间直线的形态，重新定义了时空的几何形状。这颗行星在时空上压出了一个凹痕，将围绕它本身的时空弯曲。

在爱因斯坦的宇宙中，引力是时空弯曲的结果。物体仍然遵循尽可能直的时空路径，但由于时空现在是弯曲的，物体加速运动，就会受到引力的牵引。质量歪曲了时空的几何结构，而歪曲的几何结构又决定了质量在其中运动的方式，随着质量的移动和引力源的位置变化，时空的漩涡曲线也起伏不定。正如物理学家惠勒简明扼要的概括：“时空告诉物质如何运动，物质确定时空如何弯曲。”

近日点谜团

长期以来，天文学家一直被一个问题困扰，水星是离太阳最近的行星，其轨道并不完全符合牛顿的方程。行星在围绕太阳公转时沿椭圆轨道运动，这是开普勒在 1609 年提出、牛顿在接下来的约 50 年后解释的。椭圆轨道意味着，椭圆上存在一个离太阳最近的点（天文学家称之为近日点）。这个点在每次轨道运动时，并不总是出现在同一个地方。由于行星之间存在引力，牛顿预测，近日点会随着行星的绕日运行而慢慢移动，这种轨道的旋转被称为进动。

根据爱因斯坦的观点，引力是质量围绕自身弯曲时空的结果

最大的问题是，牛顿物理学可以解释大多数行星的进动，除了水星。水星的进动速度比牛顿预测的快了一点儿，这个差别虽然不大，但不能被忽略。

天文学家一直在寻找解释水星的怪异行为的方法。或许水星和太阳之间存在一个陨石群，甚至可能存在一颗未被发现的行星，从而影响了水星的运行。假设很多，但都不能解释所有的问题，它们的共同之处是都认为牛顿的万有引力定律是精确的。1911 年圣诞节前夕，爱因斯坦写道：“我再次陷入相对论与万有引力定律之关系的沉思……我希望能厘清迄今为止无法解释的水星近日点长度的变化……但目前为止，似乎并不奏效。”

在 1916 年，爱因斯坦准备用广义相对论来解释水星的进动异常。他用引力理论准确地预测了水星的轨道运动。水星轨道之所以扭曲，是因为其与巨大质量的太阳非常接近，造成时空变形。爱因斯坦欣喜若狂，他的理论是正确的，他的计算结果与天文学家的观测结果一致。

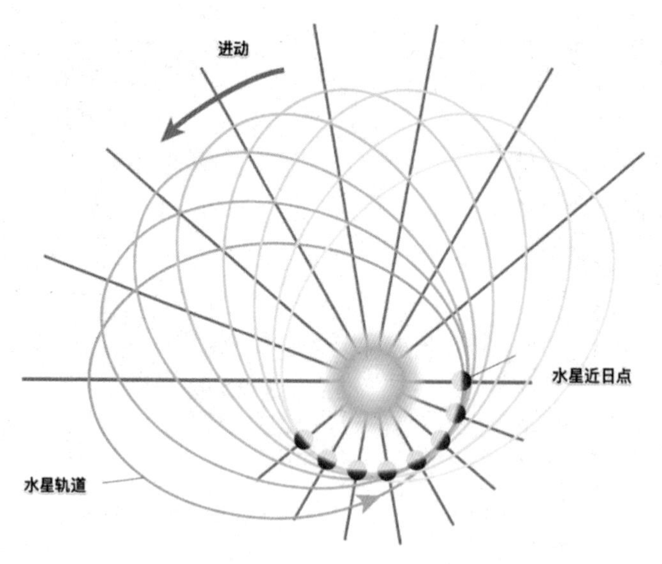

爱因斯坦的引力理论解释了牛顿的引力理论无法解释的水星轨道上的异常现象

牛顿日食

当爱因斯坦在 1907 年提出等效原理并推断这将导致光线因引力弯曲时，他认为这种效应太小，永远都无法测量。那时，爱因斯坦还没有发现时空是可弯曲的，并会以此作用于光线的弯曲，这导致了他对光束弯曲的第一个预测和牛顿从万有引力定律、光线以粒子流存在推导的结果一致。

当被问到是否真的只有三个人理解广义相对论时，爱丁顿反问：“谁是第三个人？”

1919 年日食的图像，证实了爱因斯坦对光线弯曲的预言

在 1915 年，爱因斯坦意识到，根据他的广义相对论，光线的弯曲程度是他 1907 年计算值的两倍。爱因斯坦广义相对论的预言与牛顿物理学的预言产生了明显的区别。爱因斯坦急切地希望自己的理论能得到证明。

天文学家爱丁顿在 1916 年获得了一份爱因斯坦理论的副本，随即成为一位相对论的热情拥护者。爱丁顿与天文学家弗兰克·戴森爵士一起进行研究，爱丁顿想出了一种检验爱因斯坦理论的方法。白天，来自星星的微弱光线通常会被太阳的光辉所遮蔽，但在日全食期间，月亮暂时遮住了太阳光，星星会在白天短暂地显现。爱因斯坦预言，星光在前往地球的途中，在靠近太阳时会因周围扭曲的时空而发生偏转。这导致人们观测到的恒星表象位置与实际位置产生差异，恒星的实际位置可以通过夜间观测得到。这个差异的偏转角确实非常小，大概相当于从三千米外观察到的一个硬币的宽度。

爱丁顿决心完成观测，他率领一个考察队远征西非海岸的普林西比岛，观测 1919 年 5 月 29 日的日全食，另一个考察队被派往巴西。爱丁顿说，由于他忙着更换相机照片底版，他并没有真正看到日食。在巴西考察队拍

巴西考察队使用的部分设备

到的照片中，一张验证了爱因斯坦的理论，另一张则与牛顿的预测一致。爱丁顿拍摄的照片显示的星星较少，但印证了爱因斯坦的预测。爱丁顿称印证牛顿的预测的照片是由于设备故障才被拍摄到的，并以此为爱因斯坦平反。据说，爱因斯坦听到这个消息后不久，有人问他，如果观测结果表明他的理论是错误的，他会怎么做。爱因斯坦回答："那我只能对亲爱的上帝深表遗憾，相对论才是正确的。"

引力波

只要所涉及的引力场不明显，换句话说，只要相互间引力作用的所有物体的速度远小于光速，广义相对论的预言就与牛顿的预言相同。如果一个引力场中物体所需的逃逸速度接近光速，那么这个引力场被定义为强引力场。在太阳系中遇到的所有引力场，甚至是太阳边缘的引力场，按这个定义都是弱引力场。在低速和弱引力场中，广义相对论和狭义相对论的预测符合人们的经验和牛顿物理学。

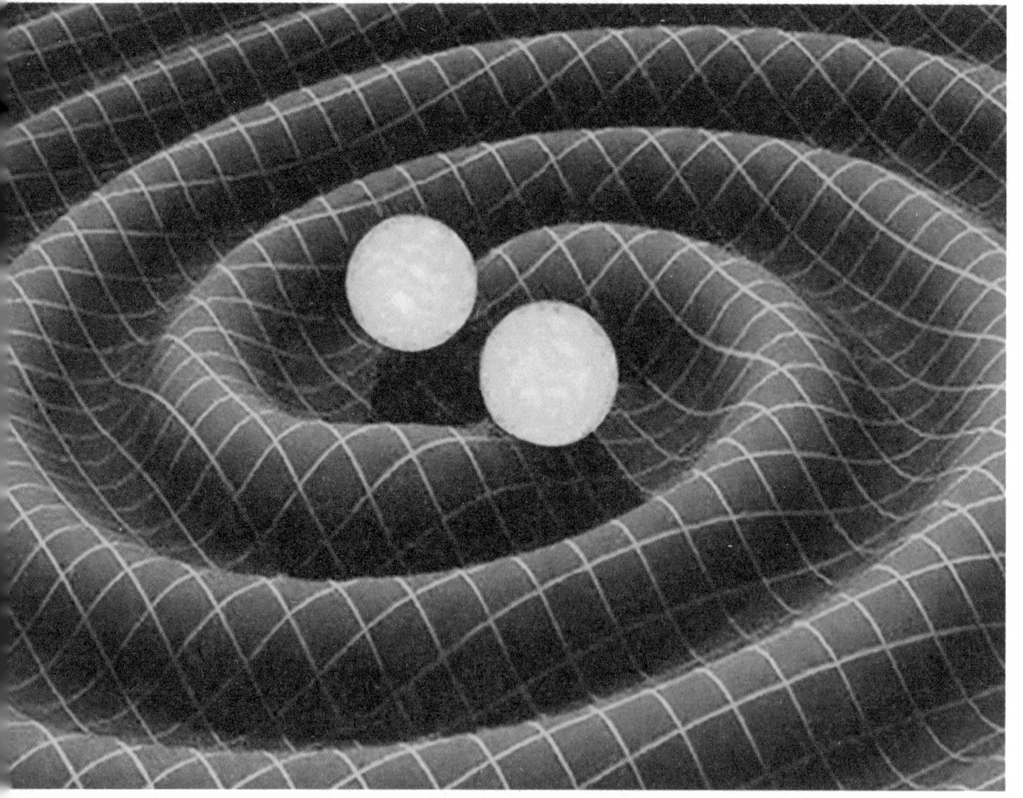

相互环绕的巨大物体，如一对脉冲星，会在时空中发出引力波

直径 305 米的阿雷西博射电望远镜从空间边缘探测到宇宙最深处

广义相对论预测了引力波的现象。引力波就像极为高能的扰动所引起的时空涟漪。爱因斯坦的方程表明，灾难性事件，如两个黑洞之间发生碰撞，就像一块大石头掉进时空的池塘里，让被扭曲的空间的波以光速穿越宇宙，传播开来。

虽然人们在 1916 年就预测了引力波的存在，但并没有相关证据。1974 年，波多黎各的阿雷西博天文台的天文学家证明了引力波的存在，他们发现了脉冲双星——两颗密度极高的重恒星在彼此的轨道上运行。天文学家开始对该现象进行仔细的观测，经过 8 年的缜密的数据收集，确定了脉冲星正在以广义相对论预测的速度相互靠近。经过 40 多年的严密监测，人们发现脉冲星的轨道变化与广义相对论吻合，研究人员认为，其正在发射引力波。

在 2015 年 9 月 14 日以前，所有证实引力波存在的证据都是间接的或基于数学推导的，而非实际的物理证据。2015 年 9 月 14 日，美国的激光干涉引力波天文台（LIGO）首次探测到引力波，它所探测到的波动产生于近 13 亿光年外两个黑洞的碰撞。虽然这是一个极为剧烈的事件，但当波动到达地球时，它们产生的时空晃动比原子核小得多。由于波动非常小，LIGO 必须具备极高的灵敏度，它是工程技术和智慧的结晶。两台相距 3000 千米的 L 形探测器（在美国华盛顿州和路易斯安那州），被放置在 4 千米长的真空室内，一同测量比原子核小一万倍的运动。其精度相当于能测量到离我们最近的恒星的距离，误差小于人类头发的宽度。

引力波探测器是有史以来最灵敏的仪器之一

第十一章

量子领域

量子领域

量子物理时间表	
1801 年	托马斯·杨完成了双缝实验。
1887 年	海因里希·赫兹（Heinrich Hertz）发现了光电效应。
1905 年	爱因斯坦提出光由离散的粒子或能量量子组成，后来其被称为光子。
1922 年	阿瑟·康普顿（Arthur Compton）在使用 X 射线研究原子内电子的分布时，发现 X 射线具备粒子的特点。
1924 年	路易斯·德布罗意（Louis de Broglie）提出，所有物质和能量都具备波和粒子的特点。
1925 年	马克斯·玻恩（Max Born）把电子想象成围绕原子周围的概率波。
1925—1927 年	尼尔斯·玻尔和沃纳·海森堡完善了量子力学的哥本哈根诠释。
1926 年	薛定谔完善了波函数方程。
1927 年	海森堡提出了不确定性原理，其限定了我们的可知边界。
1935 年	爱因斯坦、鲍里斯·波多尔斯基（Boris Podolsky）和内森·罗森（Nathan Rosen）通过 EPR 佯谬来证明量子力学的缺陷。
1947—1949 年	理查德·费曼、朱利安·施温格（Julian Schwinger）和朝永振一郎发展了量子电动力学理论。
1980—1982 年	阿兰·阿斯佩（Alain Aspect）进行了一系列实验，证明了量子纠缠现象的真实性。

1900年10月19日，普朗克在柏林为德国物理学会做报告，解答了一个一直困扰当时物理学家的问题，从此物理学进入了一个新时代——量子时代。

从理论上讲，黑体作为完美的辐射吸收者和反射体，随着波长越来越短，发出的辐射应趋于无限。但在实验中，这显然是错的，这被称为紫外灾难——面包师每次打开烤箱，并未受到致命的辐射——但没人能解释原因。

普朗克提出了一个革命性的设想，即黑体发射的能量，并不像波那样是一个连续变化的量，而是以离散份的形式发射的，他把这些“份”称为量子（Quanta，单数为Quantum），这个词出自拉丁语，意思是“有多少”。这些量子的多少与振动频率成正比，能量只能以整份量子的形式发射或吸收，这就解释了为什么黑体沿电磁波谱上发出的能量并不相等。虽然理论上有无限多的更高频率，但要发射出该能级的量子，所需的能量会越来越大。显然，激发出一个红光量子比激发频率为其两倍的紫光量子容易得多。

普朗克常数

普朗克提出，量子的能量与其频率的关系由简单的公式$E=hf$确定，其中E是能量，f是频率，h是普朗克常数。量子的能量可以通过其频率乘以普朗克常数来计算，普朗克常数为6.62607015×10^{-34} J/s。

普朗克的假设是正确的——实验结果证实了他的预测。尽管如此，普朗克对他的解释并不完全满意，因为这与他从前学的物理学知识背道而驰，他并不认为自己的量子理论具有现实意义，他只是把量子当作一个解决数学难题的方案。他承认，引入量子是把死马当活马医的“绝望努力”，并一直在尝试推翻自己的理论。爱因斯坦对普朗克的理论评论道：“这好像我们脚下的地层裂开了，此前所有的理论都被颠覆。”

光电效应

1904 年，爱因斯坦写信给一位朋友，表示他发现了基本量子的大小和辐射波长间最简单的关系，这种关系解释了辐射的种种怪异现象。1887 年，德国物理学家赫兹（1857—1894 年）发现，当一束光射向某些金属时，它们会发出电子，这被称为光电效应。起初，人们认为这种效应可用电磁学来解释。人们认为，电磁波的电场为电子提供了挣脱金属所需的能量，但很快人们就发现并非如此。

赫兹，光电效应的发现者

如果上述理论正确，那么光线越亮，发射的电子能量就越高，但实验表明，电子释放的能量取决于光线的频率而非强度。无论光线多亮，金属发出的电子能量仍是相同的。只有把光的频率调高，从红光到紫光，再到紫外光，才会释放出更高能量的电子。如果光的频率太低，即使光非常刺眼，那么也根本不会有电子发射出来。这就好比高速移动的波浪可轻易推动沙滩上的沙子，但缓慢移动的波浪，无论规模多大，都无法撼动砂砾。此外，当电子将要跃迁时，跃迁是瞬间发生的——没有能量积累的过程。光的波动理论无法解释这些发现。

1905 年 3 月，爱因斯坦在《物理学年鉴》上发表了一篇论文，他因这篇论文获得了 1921 年的诺贝尔奖。他研究了粒子理论和波理论之间的差异，将描述气体粒子在气体体积变化时的公式与描述辐射波在空间中传播的公式进行比较。他发现两者遵守同样的规则，并且支撑这两种现象的数学原理是一样的。爱因斯坦写道：“当一束光从一个点传播时，能量由有限的能量量子组成，这些能量量子处于空间的各个点上，它们只能作为完整的单位被产生和吸收。”爱因斯坦的传记作者沃尔特·艾萨克森称这句话为“也许是爱因斯坦写过的最具革命性的一句话”。

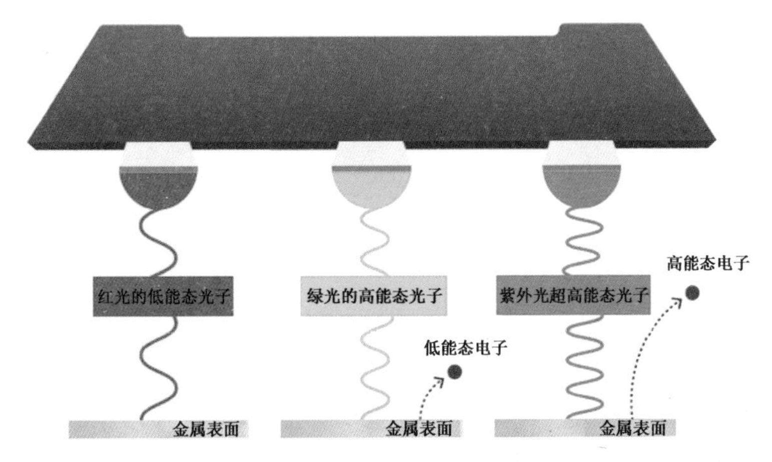

光电效应取决于光的频率，而非强度

基于这些见解，爱因斯坦计算了特定频率的光量子能量。他发现结果与普朗克的一致，并进一步用光量子来解释光电效应。正如普朗克所确定的那样，量子的能量是由其频率决定的。一个量子将其能量传递给一个电子——量子的能量越高，就越可能造成电子从金属逃逸。高能量的蓝光量子将电子冲压出来，低能量的红色量子根本没有这个能力。

普朗克之前一直认为量子不过是一种数学虚构，而现在爱因斯坦则认为它是一种物理现实。爱因斯坦的说法并没有得到其他物理学家的认同，他们不愿意放弃光是一种波而不是粒子流的观点。甚至普朗克也认为，自己的推测可能过头了。1915 年，为了推翻爱因斯坦的观点，持怀疑态度的罗伯特·密立根（Robert Millikan，1868—1953 年）又做了光电效应的实验，结果却与爱因斯坦的预测完全一致，不过这并不妨碍密立根继续称爱因斯坦的预测是“鲁莽假说”。

光的本质

科学家不得不重新思考光的本质是什么。爱因斯坦确认，光的行为就像一束粒子流，但几个世纪以来的实验都表明，光就像波一样，具备波动现象，譬如衍射和干涉。所以现在的问题是：什么是光？它是一种波还是一种粒子？爱因斯坦也在苦苦思索如何解决光的二相悖论问题。1951 年，爱因斯坦在写给朋友米歇尔·贝索（Michele Besso）的信中说：“50 年的持续深思并没有让我更接近这个问题的答案——光量子是什么？显然，如今每一个以为自己知道了答案的妄人，都是在自欺欺人。”

康普顿确认了 X 射线具备类似粒子的特点

1922 年，美国物理学家康普顿（1892—1962 年）做了一个实验，用 X 射线来探测电子在原子中的分布。他发现 X 射线与电子相互作用后，频率变低，波长变长，这意味着它们失去了部分能量。X 射线频率的细微变化被称为康普顿效应。康普顿确定了 X 射线和电子相撞时，行为如同粒子，并证明了爱因斯坦是对的——光确实表现得像一个粒子。康普顿在《物理评论》上发表的一篇论文中写道：“我们的公式和实验之间，存在显著的一致性，这有力地证明，X 射线的散射是一种量子现象。”康普顿不是第一个提到光量子的人，但康普顿确立了光量子的名称，“光子”（Photon）。

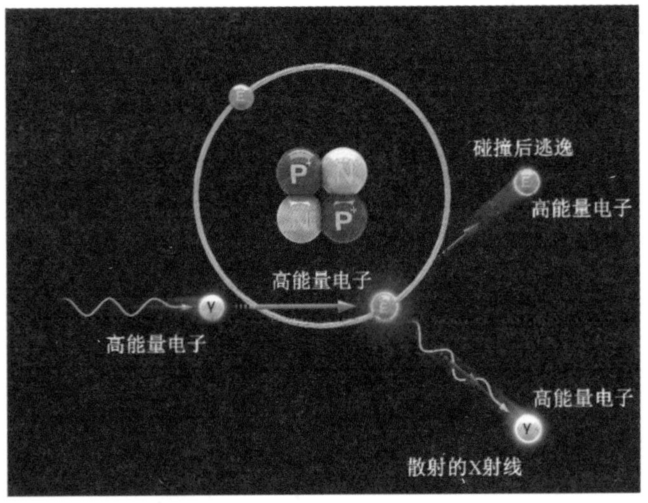

X 射线和电子碰撞的康普顿效应

法国物理学家德布罗意（1892—1987 年）在他 1924 年的博士论文《量子理论的研究》中提出了一个观点，不只是光，所有物质和能量都具备波和粒子的特点。基于自然界的对称性和爱因斯坦光的量子理论，德布罗意问道：如果一个波能像粒子一样，那么为什么一个粒子，如电子，亦能有像波一样的行为呢？德布罗意推测，就像爱因斯坦著名的质能方程 $E=mc^2$ 将质量与能量相关联，爱因斯坦和普朗克又曾将能量与波频率相关联，那么将以上两者结合起来的产物应该具备波的形式。

德布罗意提出所有物质和能量都具备波和粒子的特点

德布罗意提出了物质波的概念，指出任何移动的物体都有一个相伴的波。粒子的动能与粒子的频率成正比，粒子的速度则与它的波长成反比——速度越快的粒子，波长越短。爱因斯坦认同德布罗意的观点，因为这看起来像他自己理论的延续：“德布罗意假说是射进糟透了的物理学谜团的第一缕微光。”德布罗意的观点在1927年的实验中得到验证，当时英国的乔治·汤姆森（George Thomson）和美国的克林顿·戴维森（Clinton Davisson）都证明了当窄电子束通过薄薄的镍晶体晶格时，会形成一个衍射图案。

19世纪初，托马斯·杨利用光通过双缝形成的干涉条纹实验，证明了光是一种波。20世纪60年代初，费曼介绍了一个实验，他想象一次只有一个光子或电子通过可开闭的双缝射向一个检测器，将发生什么现象。在常识中，光子的传播“粒粒皆辛苦，粒粒皆抵达”，并在屏幕上显示为一个个亮点。当双缝皆开时，应该有两个高亮区域；当关闭其中一个缝时，会剩下一个高亮区，而不是干涉条

克林顿·戴维森（左）和雷斯特·革末，两人发现一束电子会发生衍射

纹。然而，实际情况是，当双缝打开时，屏幕上的粒子叠加成干涉条纹，关闭一个缝后，则干涉条纹消失。即便早先的光子已经到达了屏幕，后继发射的光子仍“知道”飞向哪里能形成干涉条纹。这就好比每个粒子都像波那样传播，同时到达每一个双缝，并和自身干涉成像。

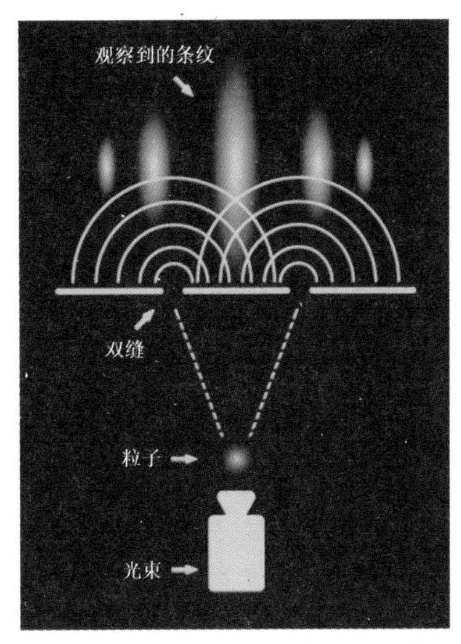

费曼将双缝实验形容为“量子力学的核心尽在其中”

这怎么可能？通过左侧狭缝的单个粒子，如何“知道”右边缝隙是开还是关？费曼宣称“以任何经典方式，这都解释不通”。1964 年，他写道：“有没有搞错？因为你已走入一条无处可逃的漆黑巷子，没人知道为什么会这样。”

费曼，物理学方面最富创造力的思想者之一

显然，看似诡异的光的波动学说和粒子论都是正确的。光是以波的形式还是以粒子的形式行动，取决于如何测量它。我们无法用一个单一的模型描述光的所有方面。说光具有“波粒二象性”很容易，但这究竟意味着什么，没人能够圆满地回答。

概率波

20 世纪 20 年代进行的实验已经相当确凿地证明，电子和其他粒子可以像波一样移动，但这些波的性质是什么？

1802 年，天文学家沃拉斯顿注意到，阳光光谱被许多细小的黑线所覆盖。德国透镜制造者约瑟夫·冯·夫琅和费（Joseph von Fraunhofer）对这些线进行了详细的研究，这些线条现在以他的名字命名。在 19 世纪 50 年代，基尔霍夫和罗伯特·本森（Robert Bunsen）确认每种元素都会产生自己独特的线，但这些线的成因是一个谜。

爱因斯坦对光电效应的解释是，把光想象成量子流，如果足够强大，就能把电子从原子中“撞击”出来。1913 年，丹麦物理学家玻尔提出了一个原子模型，解释了爱因斯坦的量子和元素光谱。

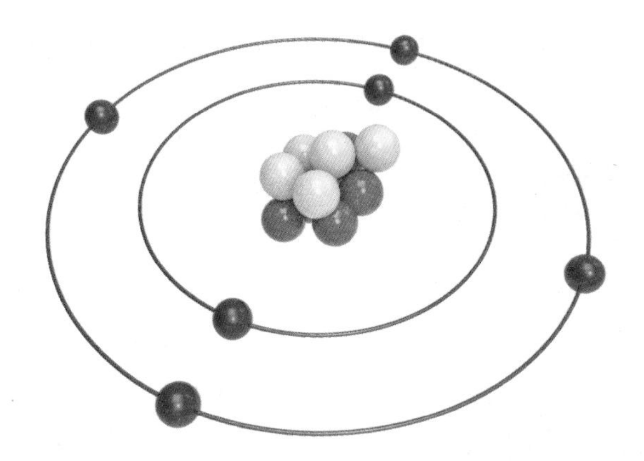

1913 年，玻尔想象电子围绕着原子核在固定轨道上运动的原子模型

在玻尔的原子中，电子围绕着核心原子核在固定的或量子化的轨道上运行。撞击原子的光子，即光量子，可能被电子吸收，后者跃迁到更高的轨道上，更加远离原子核。一个足够高能的光子可以将一个电子从其轨道

上完全弹射出去。光子则是由电子向下层轨道跳转而释放的。这些能级上下的阶梯，就是我们现在所说的量子跃迁。

原子只在特别的波长下发出光，这意味着每个元素都会产生一组特有的光谱线。玻尔提出，这些谱线与电子轨道的能量有关，是由电子在对应谱线的频率上吸收或发射光子产生的。

1925 年 6 月，德国物理学家海森堡取得了突破性的进展。他没有像玻尔那样认为原子的电子处于固定的轨道上，而是把它们设想为代表一系列驻波的谐波。他给出的方程将这些波与电子从一个轨道到另一个轨道的量子

海森堡将电子视为围绕原子核的波动而非围绕原子核的轨道运动

跃迁联系起来。海森堡的同时代物理学家玻恩（1882—1970 年）意识到，利用海森堡的观点，可将电子的能量与在可见光光谱中观察到的线条联系起来。根据玻恩的观点，由于物质的波动性，我们应用概率而不是用确定性来思考。他把电子波描述成在特定位置找到的电子概率的分布图，这在量子物理学中是一种奇怪的想法。一个粒子怎么可能既在这里，又在那里？

1926 年，奥地利物理学家薛定谔推导出一个方程，确定了概率波（后称为波函数）的形成及演化方式。波函数包含了描述一个量子系统所有必要的信息。作为处理亚原子尺度的粒子之间的相互作用的数学描述，薛定谔方程之于量子力学的重要性，相当于牛顿定律之于大尺度下的力与运动的重要性。薛定谔方程以纯粹的数学方式描述量子世界，其结果只能是一种概率而不是确定表达，量子世界无法用“真实世界”的比拟来形象化。

量子力学最大的问题之一是，无法把爱因斯坦的相对论纳入其中。较早尝试将两者进行融合的是英国物理学家保罗·狄拉克（Paul Dirac，1902—1984 年）。1928 年，他成功地将薛定谔方程和爱因斯坦著名的 $E=mc^2$ 质能方程嫁接，提出了对狭义相对论和量子力学都适用的方程，其中对电子和其他粒子的描述和两者一致。狄拉克方程把电子看成电场的激发，就像把光子看成电磁场的激发一样，这成为量子场论的基础。物理学家弗里曼·戴森（Freeman Dyson）认为，狄拉克方程是我们理解现实世界的一个巨大进步，并称其“为从前神秘的原子物理过程带来了神奇的秩序”。

薛定谔确定了波函数方程

反粒子

狄拉克方程有一个未预见的结果,它的一个解暗示了存在一种与电子完全相反的粒子。1932 年,这个从前的未知粒子——正电子,由卡尔·安德森(Carl Anderson)发现。今天,所有粒子都被认为有其等效的反粒子。

一个不确定的宇宙

经典物理学普遍认为,任何测量的精度都是有限的,由用于测量的仪器精度所决定。至少在理论上,我们对宇宙的认识可以通过我们掌握的技术加以确认。1927 年,海森堡提出实际上并不是这么回事儿。

海森堡问自己,用什么能真正定位一个粒子的位置?要想知道某物的位置,我们只能通过与其交互作用才能测量。例如,电子的位置由从其上弹回的光子确定。测量的精度由光子的波长决定,用于测量的光子的频率越高,确定的电子的位置越精确。然而,普朗克已经表明,光子的频率越高,携带的能量就越大,也就越有可能出现以下情况:将电子撞离轨道。在撞击时,我们可能会知道电子在哪里,但我们无法知道它随后会在哪里。虽然电子的动量可以被绝对精确地测量,但其位置是完全不确定的。

海森堡表明,动量的不确定性乘以位置的不确定性,永远不会小于普朗克常数,该常数将量子能量和其频率相连。这是宇宙的一个基本属性,其限定了我们的可知边界。

哥本哈根诠释

当玻尔在物理研究所做讲师时,海森堡提出了他的不确定性原理。玻尔和海森堡整合了他们的量子物理学思想，后来被称为哥本哈根诠释。

哥本哈根诠释的中心思想之一是“互补原理”，就是把物体的波和粒子性看成一个单一现实的互补层面。例如，一个电子或光子，有时表现为波，有时表现为一种粒子，但两者永远不可能同时被看见，就像抛出的硬币可能是正面或反面，但不能同时既是正面又是反面。哥本哈根诠释仅将波函数视为一个预测结果的工具，并告诫物理学家不要自顾自地想象：什么是“现实”的样子。

玻尔认为，研究电子真正是什么毫无意义。设计测量波的实验会看到波，设计测量粒子特性的实验会看到粒子，我们不可能设计出同时看到波和粒子的实验。波函数是一个完整的对波/粒子的描述。当对波/粒子同时进行测量时，其波函数就会坍缩，任何不能从波函数中获得的信息都不存在。

哥本哈根诠释所看到的量子世界，是一种纯粹的统计概率。哥本哈根诠释认为，不确定性是自然的一个基本特征，而不只是我们缺乏知识的结果。我们只需接受事情就是这样，无须解释。在经典物理学的确定性世界里，每一个事件都被假设为有一个原因，它和新的偶然和不确定的量子世界之间，形成了一个深深的鸿沟。

哥本哈根诠释并非没有反对者，其中就包括爱因斯坦。爱因斯坦在1926年写给玻恩的信中写道：“量子力学当然是气势磅礴的。但内心的声音告诉我，它并不真实……我，无论如何都坚信，上帝不会掷骰子。”

爱因斯坦无法相信，虽然宇宙中发生的绝大部分事情看起来是由规则支配的，但是在量子的基本水平上，现实中的事情似乎只能靠运气来决定。他坚守着这样一个信念：一个可测量的客观事实是存在的。他否定了海森堡和玻尔的观点：测量行为决定了现实的本质。爱因斯坦认为，海森堡的不确定性原理，可能证明了自然界对我们的限制。但这些限制不应该被看作一种暗示：不存在更深层次的、更多的我们尚未企及的确定性真相。

量子隧穿效应

想象一下，把一个球扔向墙，我们惊讶地看着它消失在墙上，出现在墙的另一边，而不是反弹回来。量子隧穿现象允许电子和其他粒子发生类似的现象，可穿过看起来不可逾越的障碍。这种奇怪的现象产生于将电子视为延展的概率波，而非存在于某一特定点的粒子。海森堡不确定性原理表明，我们无法在任何一个精确的时刻，同时确定一个粒子的能量和确切位置。在一种很小的概率下，电子的概率波会延伸到障碍物的另一边。这种效应在晶体管中被观测到，量子隧穿效应允许电子穿过半导体之间的结。在一个更大的宇宙尺度下，量子隧穿效应在为恒星提供动力的核聚变反应中起着重要作用。没有量子隧穿，太阳就不会发光。

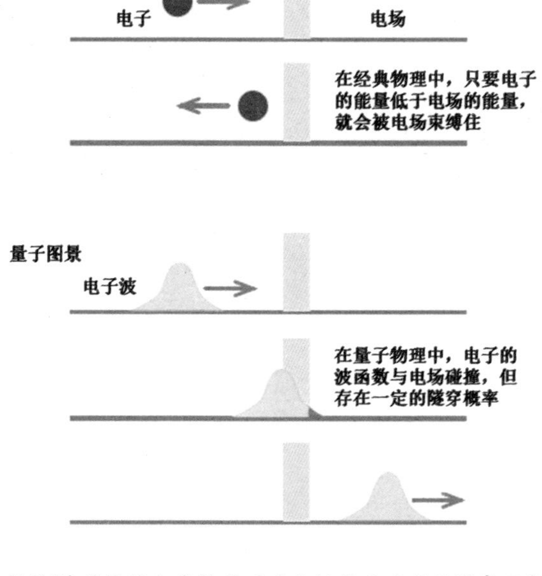

粒子/波的位置和能量的不确定性导致了量子隧穿现象

量子纠缠

1935 年，爱因斯坦与他的同事波多尔斯基、罗森探讨了量子力学中令他不安的一个方面。在一篇题为《物理现实的量子力学描述能否认为是完备的？》的论文中，他们提出量子系统仍有一些特性有待发现，他们称之为“隐变量”理论。爱因斯坦认为量子力学并没有“错误”——它能够准确地预测实验结果——但他确实认为量子力学并不完备。该论文提出的 EPR 佯谬（爱因斯坦—波多尔斯基—罗森佯谬），试图证明这一点。

量子力学是不确定性的概念——不可能同时测量一个系统的所有特征——即便在理论上也不可能实现。量子力学的另一个奇特的特性，就是后来被称为“量子纠缠”（薛定谔代表爱因斯坦提出的名字）的现象。

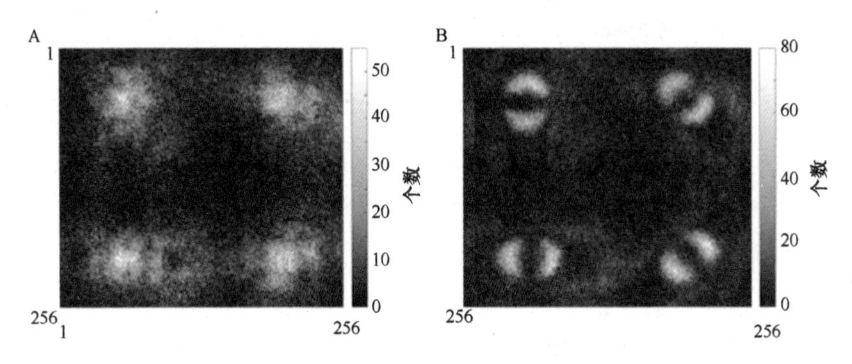

格拉斯哥大学拍摄到的量子纠缠现象

纠缠的粒子的行为就好比它们是一个单一的量子系统，而不是相互独立的对象。例如，两个光子可以由一个波函数来描述。即使它们被分开，它们仍将共享这个单一的波函数，这意味着对其中一个光子的测量，将决定另一个光子的状态。例如，一个光子的极化将和另一个光子的极化相关，因此一旦确定了光子 A 的极化（其波函数因此坍缩），光子 B 的波函数也会立即坍缩，即使 A 和 B 相隔一光年，也会产生极化。这就是所谓的“非局部行为”，但爱因斯坦称其为“神出鬼没的幽灵”。

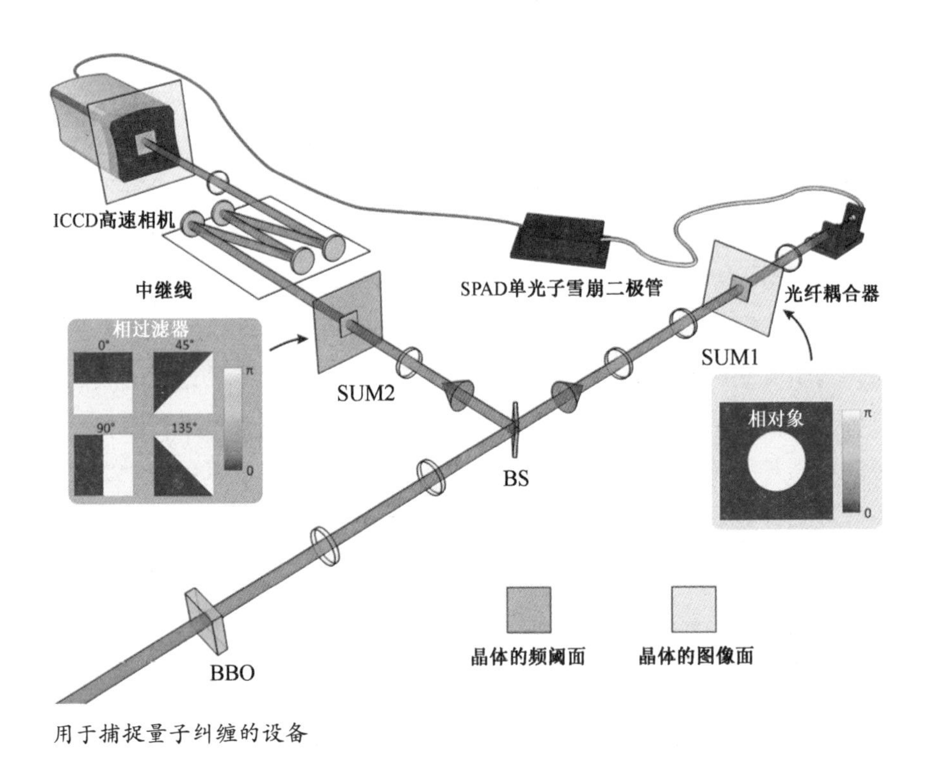

用于捕捉量子纠缠的设备

爱因斯坦与合著者从提出假设开始进行研究，即若我们能确定一个粒子的位置，且不直接观察并影响粒子，那么我们就可以说粒子在现实中存在，其独立于我们的观察。我们测量一个粒子，从中能得到第二个粒子的信息，而绝不干扰第二个粒子。例如，对第一个粒子做动量测量，可以获得第二个粒子动量的精确信息，这意味着第二个粒子具有我们所知的特性，它具备真实的动量，虽然我们没有直接观察它。爱因斯坦和他的合著者对下述假设存在争议，即对第一个粒子的测量，改变了第二个粒子的现状，使它在瞬间和第一个粒子现状一致，即便它们之间相隔以光年记。就这一点，他们相信这在“任何合理的现实定义里都不允许”。这种情况下，一个粒子要想影响另一个粒子，需要一个超过光速的信号在它们之间传播，这被爱因斯坦相对论明确禁止。

玻尔不同意爱因斯坦的观点，他以极大的热情捍卫量子力学的哥本哈根诠释。玻尔曾断言，对粒子测量带来的干扰是导致量子测量不准的原因，他用不确定性原理否定了爱因斯坦的思想实验。玻尔认为，如果两个粒子发生了纠缠，它们实际上是一个单一系统，有一个单一的量子函数，我们仍然不可能在同一时刻知道粒子精确的位置和动量。如果你知道 A 的位置，就知道 B 的位置；如果你知道 A 的动量，就知道 B 的动量。我们不可能在同一时刻精确知道 A 的两个参数，因此也无法确定 B，这与不确定性原理并不冲突。他还认为进行量子实验最重要的一点是在什么条件下进行实验。若你选择了一组条件，比如测试波属性的实验，那么你观察到的就是波的属性。如果选择了其他的属性，那么将揭示与波属性互补的属性。

玻尔认为，上述因素在 EPR 思想实验中均未涉及，所以无法反驳量子力学的哥本哈根诠释。爱因斯坦不认可量子力学，称其违反了两个基本原则：一是可分离性原则，在空间上分离的两个系统具备独立的存在性；二是定域作用原则，即对一个系统做的事，不可能立即影响（超距作用）第二个系统。

薛定谔的猫

爱因斯坦和薛定谔分享了一个思想实验，说明了为什么波函数和概率让他感到不快。想象有两个盒子，一个盒子里面有一个球，另一个盒子是空的。在我们打开一个盒子之前，有 50%的可能性找到球。在我们打开盒子之后，球在盒子里的可能性不是 100%就是 0%。实际上，球总是 100%地在其中一个盒子里。而量子力学观点指出，在盒子的盖子被打开之前，球可以在任何一个盒子里。正如玻尔和哥本哈根诠释会让球实际上占据两个盒子一样，即球处于一种叠加态，直到我们看清它到底在哪个盒子里，观察的行为决定了它的位置。

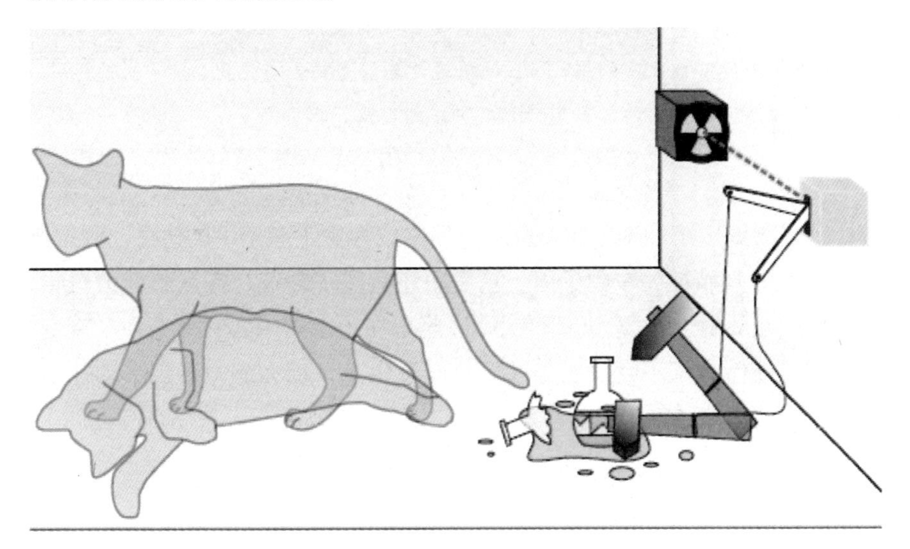

为指出哥本哈根诠释的缺陷，薛定谔提出了他著名的猫思想实验

叠加态

叠加态是指一个量子系统同时处于其所有可能的状态下，直到它被测量，此时，它回到形成叠加态的一个基本状态。系统的叠加态由其波函数来描述。测量的行为，或观察，被认为是波函数的坍缩，导致系统被测特性取到确定的值。叠加并不是旋转硬币，然后用手盖住。你不知道硬币如何倒下，但知道它要么是正面朝上，要么是反面朝上。在量子叠加态下，硬币既不是正面朝上也不是反面朝上，而是两者同时存在。

自旋是某些粒子（如电子）所拥有的量子特性，电子的自旋让一些物质拥有磁特性。使用激光有可能使电子进入叠加态，在这种叠加态下，电子同时具有上自旋和下自旋特性。这些叠加态电子，理论上可以被用来表达量子计算机中的量子比特（Qubits），同时能有效表达“开”“关”和处于两者之间的状态。其他粒子，如偏振光子，也可作为量子比特使用。费曼在 1982 年提出，如果叠加态能够被探索利用，那么释放的计算能力将无与伦比。量子比特能用来编码和处理比简单的二进制计算机更多的信息，潜能巨大。

薛定谔提出了一个思想实验，其后来成为量子理论中的传奇。薛定谔写道：“一只猫被关在盒子里，盒子里还有以下装置：在盖革计数器中，放一丁点儿放射性物质，量非常小，以至于在一小时内会有一个原子衰变，但也有可能什么都不会发生。如果衰变发生了，那么继电器会带动锤子，打碎一小瓶致命的氢氰酸。”

他解释说，整个系统的波函数，是通过系统中那只活着或死去的猫“既死又活或模糊不清”的状态来表达的。爱因斯坦和薛定谔的思想实验表明了他们的观点——哥本哈根诠释中有一些东西明显不正确。爱因斯坦说过，利用一个波函数，如果得出一只猫既死又活，则不能用来描述一个事物的真实状态。

对玻尔而言，没有必要让经典物理学的规则也适用于量子领域，经典物理学只决定我们日常生活中发生的事情。量子物理学家发现的只是事物的本来面目，无论爱因斯坦和薛定谔认同与否。

1964 年，物理学家约翰 · 贝尔（John Bell）设计了一个实验，测试纠缠的粒子之间的交流是否比光快。贝尔认为，不存在可以完全复制量子力学预测的“局域隐变量”理论。根据量子理论，直到被测量之前，纠缠的粒子都保持在一个叠加态，但只要有一个粒子被测量，我们就可以确切地知道另一个粒子必然具有互补的特性。如果粒子 B 不知道粒子 A 身上发生了什么，那么它将保持叠加态直到自身也被测量为止。贝尔假设每个粒子都有确定的值，也就是有确定的极限，以此推导这种粒子是否能重现量子理论所预测的结果。为此他推导出一个公式，被称为贝尔不等式，它决定了当粒子 A 通过其偏振片时，粒子 B 也总是通过，即：发现 100%的关联。贝尔用数学方法证明了量子理论的预言，其确实与常态概率的预言不一致，而爱因斯坦的“局域隐变量”理论也不正确。用物理学家弗里乔夫·卡普拉（Fritjof Capva）的话说：“贝尔定理证明了宇宙从根本上是相互关联的。”

法国物理学家阿斯佩在 20 世纪 80 年代初进行的实验中，使用了激光产生的纠缠光子对，令人信服地证明了“超距行动”是真实的。阿斯佩发现，对纠缠光子对进行的测量，其关联性是常态概率情况下的 40 倍。量子领域不受定域性原理的约束。当两个粒子纠缠时，它们实际上是一个单一的系统，具有单一的量子函数。

量子场论

在物理学中，力场跨距离承载力的观点已经很成熟了。一个场被认为是任何跨空间和时间分布的物理量值。例如，用散布在棒状磁铁周围的铁屑绘制出磁场的磁力线，电磁力和其他基本力的产生是由承载它们的场的变化引起的。在 20 世纪 20 年代，量子场论提出了不同的方法，表明力是通过量子粒子（如光子）来传递的，而光子是电磁的载体粒子。后来科学家陆续发现了其他粒子，如希格斯玻色子，作为希格斯场的力载体，它提供了粒子的质量，并具备自身的关联量子场。

曲面空间和引力

多亏了爱因斯坦和广义相对论，物理学家有了一个解释引力的方法，即引力来自时空中质量带来的时空弯曲。至少在理论上，用力粒子的交换（又称引力子交换）加以解释也同样成立，我们可将电磁学看成电磁场变化的结果或光子交换的结果。问题是，当前引力子的引力量子理论未被建立，而且也没有像爱因斯坦相对论实验那样的证据证明它们的存在。

量子电动力学，通常被称为 QED，是处理电磁力的量子场论。QED 在 20 世纪 40 年代末得到了充分的发展，美国人费曼、施温格和日本物理学家朝永振一郎分别独立做了很多研究。QED 提出，带电粒子如电子通过发射和吸收光子而相互作用，所谓的“光子”即电磁力的力载体。这些“虚拟”的光子无法以任何方式被看到或被检测到，只是简单代表了带电粒子间相互作用的力，使它们运动的速度和方向发生改变，而运动是释放或吸收光子能量的结果。QED 指出相互作用越复杂，也就是说这个过程中交换的虚拟光子的数量越多，发生的可能性就越小。

QED 是有史以来最惊人的精确理论之一。QED 预测出的与电子相关的磁场强度接近于实验实测值，如果用同样的精度测量从伦敦到廷巴克图的距离，那么其误差只有一根头发那么宽。

QED 的成功为自然界中其他基本作用力，包括弱核力和强核力，建立量子场理论提供了帮助。弱电理论认为，电磁力和弱核力实际上是一个单一的力。强核力将原子核结合在一起，它有自己的粒子，被称为胶子。力的组合框架共同构成了粒子标准模型，它是我们理解粒子物理学的基础，我们将在下一章进行探讨。

费曼图

粒子通过交换虚拟光子而相互作用的方式，可以通过费曼在 20 世纪 40 年代研发的费曼图实现可视化。事实证明，费曼图在帮助科学家解决高能物理中涉及的复杂的相互作用的问题方面非常有效。每张粒子图用波浪线和直线及其在交叉点的相互作用来表达。

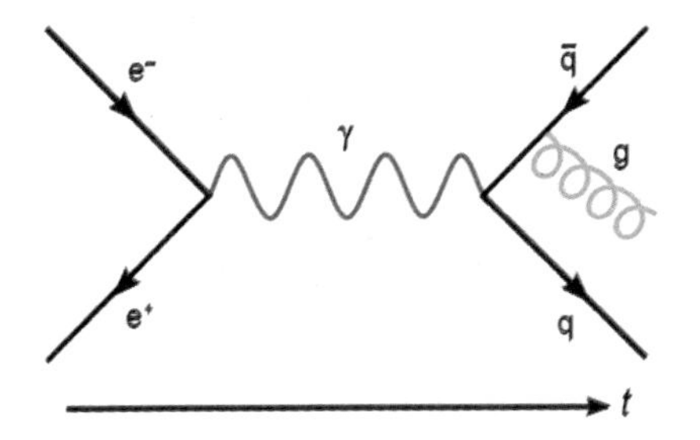

费曼图提供了粒子间交互的简洁可视化表达

第十二章

粒子与未知

粒子与未知

粒子物理学时间表	
1858 年	尤利乌斯·普吕克（Julius Plücker）发现了阴极射线。
1895 年	威廉·伦琴（Wilhelm Röntgen）发现了 X 射线。
1896 年	亨利·贝克勒尔（Henri Becquerel）发现了放射性。
1897 年	约瑟夫·约翰·汤姆逊（Joseph John Thomson）发现了电子。
1898 年	欧内斯特·卢瑟福（Ernest Rutherford）发现了三种放射性。
1909 年	卢瑟福和欧内斯特·马斯登（Ernest Marsden）发现了原子核。密立根计算了电子上电荷的大小。
1911 年	查尔斯·威尔逊（Charles Wilson）建造了云室。
1912 年	维克托·赫斯（Victor Hess）发现了宇宙射线。
1932 年	詹姆斯·查德威克（James Chadwick）发现了中子。安德森发现了正电子。
1933 年	弗里茨·兹威基（Fritz Zwicky）经观察确定了宇宙中存在大量暗物质。

续表

1939 年	莉泽·迈特纳（Lise Meitner）和奥托·弗里施（Otto Frisch）展示了原子裂变的过程。
1942 年	恩利克·费米（Enrico Fermi）发现了链式核反应。
1956 年	在南卡罗来纳州，物理学家发现了第一个中微子。
1964 年	默里·盖尔曼（Murray Gell-Mann）提出了夸克的存在，夸克是物质的基础。
20 世纪 70 年代	粒子物理学的标准模型产生。
1983 年	欧洲核子研究组织（CERN）的物理学家证明了电磁力和弱核力之间的联系。
1984 年	约翰·施瓦茨（John Schwarz）和迈克尔·格林（Michael Green）提出了弦理论，以此统一广义相对论和量子力学。
2012 年	科学家发现了一种与希格斯玻色子特性一致的新粒子。

物质由基本粒子组成的观点，可以追溯到古希腊德谟克利特的原子不可分割、坚不可摧的观点，这个观点在 19 世纪初的道尔顿和阿伏伽德罗的原子理论中得到了复兴。自从原子的存在被提出以来，原子逐渐显现出令人惊讶的特性。

开尔文爵士认为，原子是成结的涡旋

19 世纪的物理学家认同了原子是存在的，但是原子的本质是什么？什么是原子？开尔文勋爵威廉·汤姆森认为，原子可能是弥漫于太空中的无形以太中的旋转涡旋。不同的涡旋对应不同的化学元素——涡旋形成的结越复杂，元素越重。该理论存在了大约 20 年，1887 年迈克尔逊和莫雷对以太的存在提出了质疑。

1882 年，汤姆逊（1856—1940 年）撰写了一篇屡获殊荣的论文，对涡旋原子进行了数学描述，并介绍了涡旋原子之间可能发生的化学反应方式。几年后，经过研究，他发现了原子本身的一个组成部分。

电子的发现

1858 年，德国物理学家普吕克（1801—1868 年）进行了实验，他在玻璃管内的金属板之间施加高压，该玻璃管已去除了大部分空气，他发现在阴极附近的管内产生了绿色辉光。他认为这种辉光是阴极发出的射线效果。1869 年，普吕克的学生约翰·希托夫（Johann Hittorf）借助真空，辨别了放置在阴极前面的物体所投射的阴影，从而确认了它确实是射线的源头，并且确定了这些射线从阴极呈直线传播。英国物理学家和化学家威廉·克鲁克斯（William Crookes，1832—1919 年）在 1879 年对这些阴极射线进行了进一步研究，发现它们可能被磁场弯曲，并且由带负电荷的粒子组成。他认为这些粒子是由带电粒子组成的，被阴极排斥到达阳极。为纪念克鲁克斯在阴极射线方面的研究，实验中所使用的真空管被称为克鲁克斯管。克鲁克斯在克鲁克斯管上面放置了一个马耳他十字架，用来证明阴极射线沿直线传播，

普吕克是首位发现阴极射线的人

因为施加电压后可以在管的末端看到十字架的阴影。

克鲁克斯管内部阴极射线的绿色辉光

1883 年，德国物理学家海因里希·赫兹利用电场使阴极射线偏转，但没有起作用。赫兹得出结论，阴极射线不是带电粒子，而是能被磁场偏转的波。现在我们知道，赫兹未能观察到光线的偏转，原因是粒子的速度太慢，受到的电的作用力太小，导致偏转太小，以至于不能被观测到。在 1891 年，赫兹还观察到阴极射线可以穿透金和其他金属的薄箔。他认为这类似于光穿过玻璃的方式，并为他的波动理论提供了支撑。然而，在 1895 年，法国物理学家让·巴蒂斯特·皮兰（Jean Baptiste Perrin，1870—1942 年）证明，阴极射线在置于阴极射线管内部的收集板上留下了负电荷，为研究它们的粒子性质提供了进一步的支持。

汤姆逊在 1894 年开始了一系列实验，彻底明确了阴极射线的性质。

在剑桥大学卡文迪什实验室工作时，他构造了一个阴极射线管，其偏转板位于玻璃管的内部而不是外部，并且发现阴极射线的确可以被电场偏转。汤姆逊的实验装置使他确定了神秘粒子的电荷与其质量的比率。他在介绍自己的工作时写道："我无法摆脱这个结论，即它们是由物质粒子携带的负电荷。接下来的问题是，这些粒子是什么？它们是原子、分子，还是处于更精细的细分状态下的物质？"

汤姆逊

汤姆逊发现，无论用于制造电极的金属还是用于填充管子的气体的成分如何改变，电荷与其质量的比都保持不变。从这些观察中，他推断构成阴极射线的粒子一定是在所有形式的物质中都存在的东西。1897 年，汤姆逊确定了阴极射线带负电荷的粒子的质量小于氢原子的质量的 1/1000，这意味着它们不可能是带电的原子或物理学上任何已知的其他带电粒子。汤姆逊将这些粒子称为“微粒”（Corpuscles），但它很快以物理学家乔治·史东纳（George Stoney）提出的电荷的基本单位“电子”来命名。汤姆逊因其杰出贡献在1906年被授予诺贝尔奖。

密立根油滴实验

1909年，密立根开始了一系列实验，以确定电子上电荷的大小。注入充满空气的腔室中的油滴会从电场中吸收电荷，油滴在重力、空气黏度和电场的综合影响下下落或上升。通过测定油滴的上升和下降的时间，可以计算出电荷。密立根得出的基本电荷值为1.592×10^{-19}库仑，仅略低于当时普遍接受的1.602×10^{-19}库仑，这很可能是因为他使用了不正确的空气黏度值。密立根因其研究获得了1923年的诺贝尔奖。

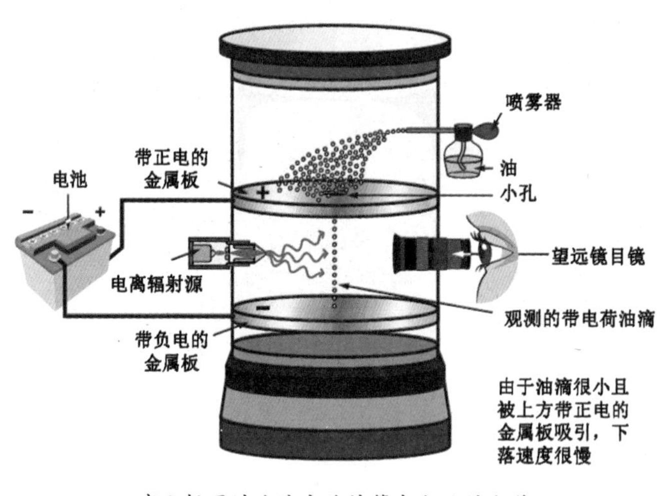

密立根通过油滴实验计算出电子的电荷

下一个问题是，汤姆逊的微粒如何融入原子的结构。汤姆逊的同学约瑟夫·拉莫尔（Joseph Larmor）认为它们根本不是原子的一部分，而是看不见的以太的组成部分。众所周知，原子是电中性的。因此，为了平衡电子的负电荷，汤姆逊建议将它们嵌入带正电的云中，就像蛋糕中的葡萄干一样，这种图像使得汤姆逊的原子模型被称为李子布丁模型。汤姆逊的模型很重要，它首次将原子描述为可分割的东西。然而，在短短几年内，李子布丁模型就遇到了问题。

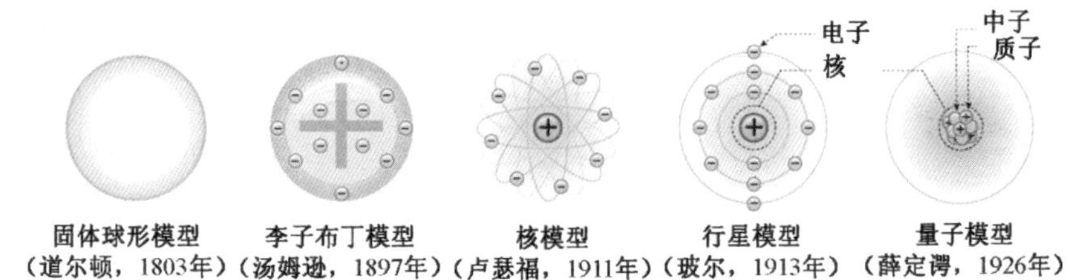

原子的科学概念发生了很大的变化

放射性

1896 年，在汤姆逊进行实验的同时，法国物理学家贝克勒尔（1852—1908 年）有了自己的发现。贝克勒尔正在研究 X 射线的性质，X 射线是一年前伦琴（1845—1923 年）发现的。伦琴在他的实验室中使用阴极射线管研究时发现，附近的荧光屏开始发光。他得出结论，这种管中正在发射一种新型射线，后来的实验证明了该 X 射线可以穿过大多数物质，包括人类的软

贝克勒尔发现了放射性

组织，但不能穿过骨骼和金属物体。伦琴因这一发现获得 1901 年第一届诺贝尔物理学奖。

贝克勒尔认为，铀吸收了太阳的能量，然后以 X 射线的形式发出。他将含铀化合物暴露在阳光下，然后将其放在用黑纸包裹的照相板上。由于天气阴沉，他的实验失败了，但贝克勒尔还是决定对他的照相底片进行显影。令他惊讶的是，该化合物留下的轮廓清晰明了，证明了铀在发出辐射时并没有外部能源，如太阳。他发现铀化合物继续散发能量，即使在几个月以后，这种能量也不会减少，而且纯金属铀的效果更好。

贝克勒尔发现了放射性，“放射性”这个词是玛丽·居里（Marie Curie，1867—1934 年）在 1898 年提出的。贝克勒尔与居里和她的丈夫皮埃尔·居里（Pierre Curie，1859—1906 年）通过进一步调查发现，其他物质也具有放射性。居里夫妇发现，沥青混合料（一种含有铀的矿物）会比纯铀产生更多的放射性，他们推测其中一定存在另一种放射性物质。最终他们分离出一种新的化学元素——钋，其放射性比铀高 300 倍，提取钋后，留下的废物仍然具有很强的放射性。

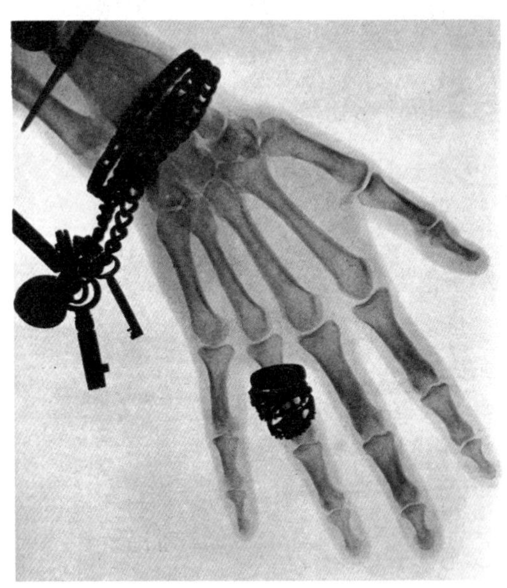

伦琴使用他新发现的 X 射线为他妻子的手拍摄了一张开创性的图像

玛丽·居里通过研磨、过滤和溶解提取了铀的 20 千克沥青混合料样品，经过数年的艰苦研究，在 1902 年成功分离出了少量的镭元素。1903 年，玛丽·居里、皮埃尔·居里与贝克勒尔因他们在放射性方面的研究而被授予诺贝尔物理学奖。

玛丽·居里因为暴露于当时未知的放射性中，生命缩短了

1898 年，曾与汤姆逊一起在卡文迪什实验室工作的卢瑟福利用简单的实验装置，发现存在三种不同类型的放射性。在蒙特利尔的麦吉尔大学，他在从铀样品中提取的作为放射源的铀和一个验电器之间放置了 1～13 层逐渐增厚的铝箔，通过测量验电器放电所需的时间来测量辐射强度。他发现了至少两种不同类型的辐射，为了方便，他将其命名为 α（阿尔法）射线和 β（贝塔）射线。他认为 α 射线和 β 射线分别是带正电和带负电的粒子。1901 年，他确认了贝克勒尔的射线本质上是电磁波，并将其称为 γ（伽马）射线。同年，卢瑟福和化学家弗雷德里克·索迪（Frederick Soddy）发现，一种放射性元素会衰变为另一种元素，这一发现让卢瑟福获得了 1908 年的诺贝尔化学奖。这一奖项令卢瑟福不满，因为他是物理学家，而不是化学家。

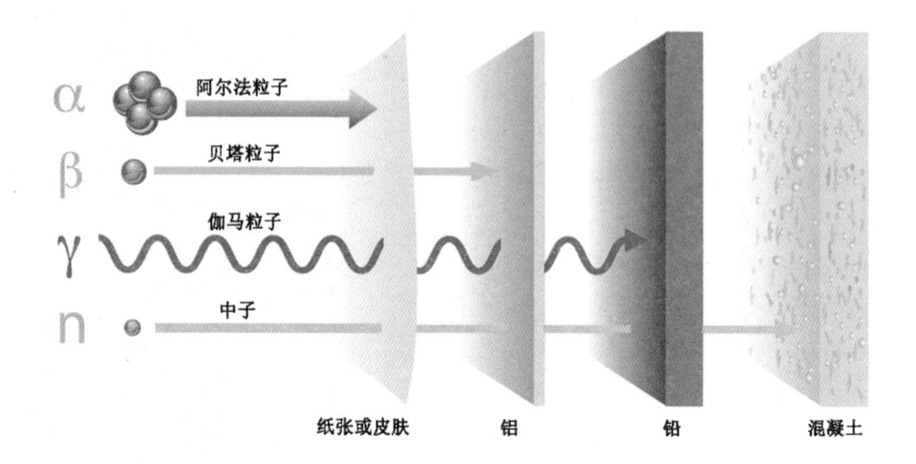

不同种类的辐射

核的内部

1907 年，卢瑟福在英国曼彻斯特大学任职。1909 年，他让学生马斯登进行了一项实验，在该实验中，放射源向薄金箔发射 α 粒子，四周散落的粒子会撞击涂有硫化锌的屏幕，当被带电粒子撞击时，硫化锌会闪烁。马斯登不得不坐在一个昏暗的房间里耐心地凝视屏幕，他本不应该看到任何东西，但他却看到了短暂的闪烁，大约平均每秒闪烁一次。

马斯登将结果报告给了卢瑟福，卢瑟福十分惊讶。根据汤姆逊的李子布丁模型，“布丁”的正电荷应广泛分布在原子的整个范围内。快速移动的大型 α 粒子已经穿过金箔中的正电布丁，没有偏转，因为原子中的电场太弱而无法影响它们。正如卢瑟福后来说的那样：“就好像你向一张薄纸上发射了一个 15 英寸的炮弹，然后炮弹弹回来并击中了你。”

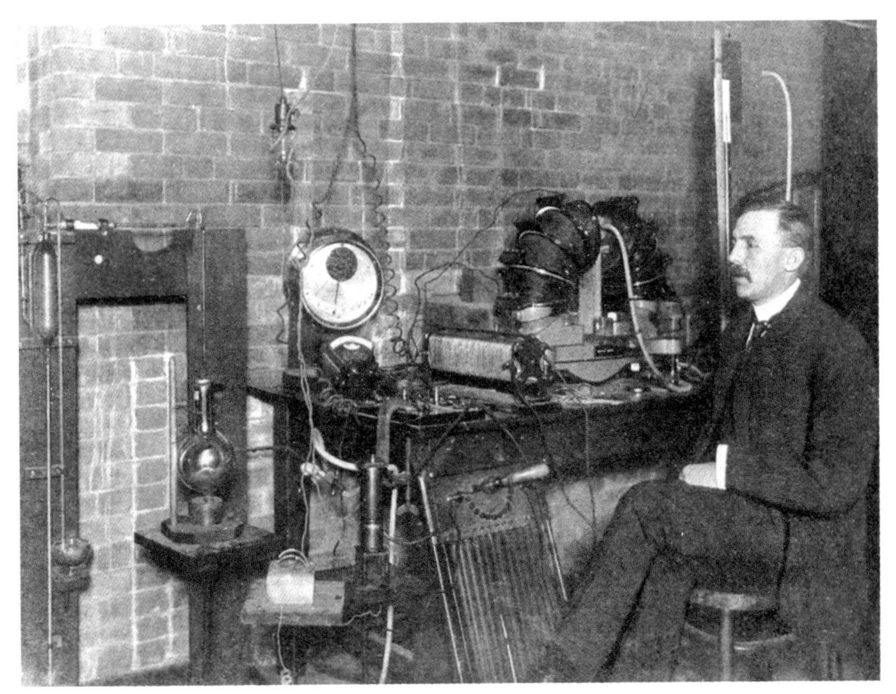

卢瑟福有几项突破性发现，如一种放射性元素会衰变为另一种元素

卢瑟福总结到，原子内大的带正电的粒子必定会排斥α粒子。这促使卢瑟福在1911年提出了一种新的原子模型，其中大部分正电荷集中在位于原子中间的原子核中，电子围绕该原子核运动，就像行星围绕恒星运行一样。卢瑟福计算出了原子核的大小，发现它仅是原子大小的约十万分之一，原子的大部分是空的。

卢瑟福的原子模型并没有被其他物理学家立即认可。根据麦克斯韦的方程，以弯曲路径运动的电子应辐射电磁能，最终使其减速并落入原子核，一个结构类似于太阳系的原子应该是短寿的。幸运的是，玻尔和量子力学的新思想使卢瑟福的模型得以成立。玻尔表明，如果只允许电子占据固定大小和能量的某些离散轨道，那么原子可以继续存在，仅当电子从一个轨道跳到另一个轨道时才会发生辐射。当原子处于最低轨道的状态时，它将是完全稳定的，因为不存在更低能量的轨道使电子可以跃入其中。这个改良过的卢瑟福—玻尔原子模型，简称玻尔模型，于 1913 年被提出。1926 年，薛定谔提出，电子不是像在固定的轨道或壳中那样运动，而是像波一样运动。薛定谔建立了一个原子中电子分布的模型，在该模型中原子核被电子密度云包围。我们无法确切地知道电子在哪里，只能知道它们最可能在哪里，电子可能存在于电子轨道。

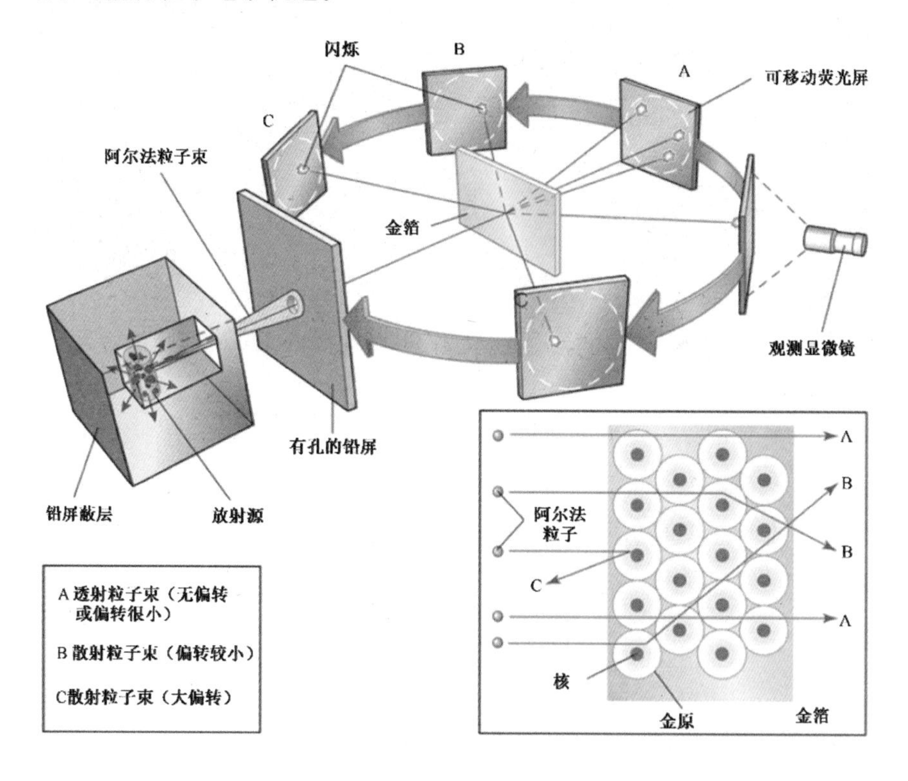

卢瑟福的金箔实验示意图，该实验揭示了当一些阿尔法粒子反弹时核的存在

质子和中子

1914—1919年，卢瑟福在曼彻斯特进行了实验，他用α粒子轰击氮气。卢瑟福假设，轰击所发射的辐射可能是氢原子的核。1919年，卢瑟福继任汤姆逊成为卡文迪什实验室的负责人。在卢瑟福的建议下，帕特里克·布莱克特（Patrick Blackett）在20世纪20年代进行了进一步的研究。在获得云室图像后，该图像显示出某些α粒子被氮核吸收，形成了一个氧原子并发射了一个氢核。卢瑟福认为，原子的核心是带正电荷的粒子，他将其命名为质子（Proton），来自希腊语“Protos”，意思是“第一”。不同元素的原子具有不同数量的质子，而最小的原子氢核只有一个质子。

云 室

α粒子在云室中留下可见路径

物理学家威尔逊（1886—1972年）于1911年建造了云室，他的灵感来自苏格兰山顶上的晨雾。他让室内的水蒸气饱和，然后降低压力。当带正电的α粒子通过云室时会将气体中的电子移走，留下带电原子，这些原子吸引水蒸气并形成可见的痕迹。

科学家对原子进行分解，发现原子的原子序数（原子核中的质子数，相当于原子的正电荷）小于原子的原子质量。例如，氦原子的原子质量为4，但原子序数（或正电荷）为2。汤姆逊认为，仅用电子的质量不足以解释这种差异，在原子核中除了质子一定还存在其他物质。

查德威克，中子的发现者

一种观点是原子核中存在电子及其他质子，带负电的电子抵消了质子上的正电荷，这意味着质子仍然贡献其质量，而不贡献其电荷。因此，氦原子核包含 4 个质子和 2 个电子，产生的质量为 4，但电荷仅为 2。卢瑟福还提出，可能存在一个由质子和电子配对的粒子，他称之为中子，该粒子具有类似于质子的质量，但不带电荷。

卡文迪什实验室的助理主任是查德威克（1891—1974 年），他曾是卢瑟福的博士生，当时正在研究放射性。查德威克了解到弗雷德里克·约里奥-居里与伊雷娜·约里奥·居里正在欧洲进行实验，他们正在研究铍发出的粒子辐射。约里奥·居里夫妇认为辐射以高能光子的形式存在，但是查德威克对此并不认同。正如查德威克观察到的那样，无质量的光子不会把像质子一样重的粒子打散。

1932 年，查德威克亲自进行了实验，并得出结论：铍辐射是质量类似于质子的中性粒子。他成功地证明了中子确实存在，其质量比质子大约重 0.1%。他在《可能存在中子》的论文中发表了自己的成果，并于 1935 年获得了诺贝尔奖。

海森堡表明，中子不可能像卢瑟福所说的那样是质子和电子的配对，中子本身就是一个独特的基本粒子。这一发现改变了物理学家对原子的认知，他们很快发现，无电荷的巨大中子是轰击原子核的“理想弹丸”，因为与带正电的α粒子不同，它不会被同样带电的原子核所排斥，能直接集中原子核。不久之后，铀原子的中子轰击就被用来分裂其原子核，并释放出了爱因斯坦的 $E = mc^2$ 中所预测的大量能量，使原子弹的发明成为了可能。查德威克是第二次世界大战期间在曼哈顿计划中研发炸弹的科学家之一。

原子能

1939 年，物理学家迈特纳和弗里施展示了铀原子核如何分裂为两个部分，即原子裂变过程，在这个过程中会产生自由中子，该自由中子可以继续分裂为铀原子，并释放出大量能量。1942 年，费米和他的团队在芝加哥大学的壁球场进行研究，发现了链式核反应。费米用金属棒吸收释放的中子，以控制反应速度。在三年之后，当世界上第一枚原子弹在新墨西哥州的沙漠中被引爆时，曼哈顿项目团队触发了一种装置，该装置导致了一种破坏性的失控反应。

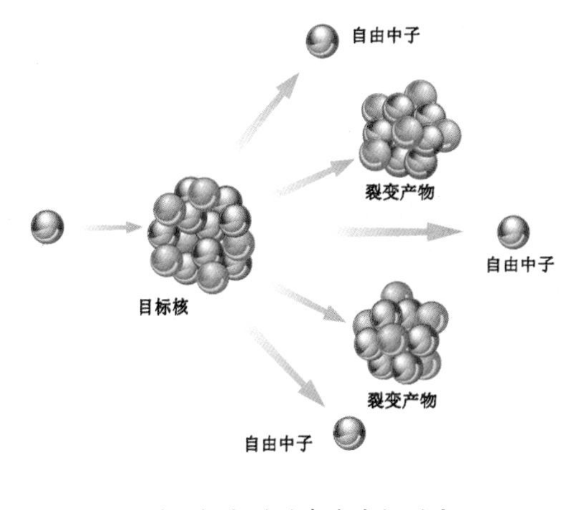

当原子核分裂时会发生核裂变

宇宙探索者

1912 年 8 月，奥地利物理学家赫斯乘坐热气球升至约 5300 米的高空。他测量了高空大气中的电离速率，发现它是海平面电离速率的 3 倍。他发现了宇宙射线（由密立根在 1926 年提出的一个术语）——高能粒子从外层空间进入大气。

在上层大气中发现宇宙射线的赫斯

宇宙射线为亚原子粒子世界带来了前所未有的改变。1932 年，安德森在加州理工学院的一个云室中研究宇宙粒子，发现了质量与电子相同且带正电的某种东西。他得出结论，这实际上是由反电子引起的，反电子与电子的产生受到云室中宇宙射线的影响。他称反电子为“正电子”，这印证了保罗·狄拉克几年前提出的存在反粒子的观点。

1936 年，安德森在与加州理工学院的塞斯·尼德迈尔（Seth Nedermeyer）研究宇宙射线云室痕迹时注意到一种带负电粒子的痕迹，在穿过磁场时，其弯曲程度比电子的弯曲程度更大，但比质子的弯曲程度小。安德森得出结论，新粒子的质量一定介于电子与质子之间，他称这种粒子为介子。日本物理学家汤川秀树曾在 1935 年预测过这种粒子的存在，用以解释将质子和中子结合在原子核中的力，但他预测的这个性质是错误的。汤川秀树预测的粒子——π 介子——于 1947 年被发现，且被重新命名为 mu 介子，更笼统的术语“介子”用来指代质量介于电子、质子和中子之间的任何粒子。随着开展的实验越来越多，介子的数量增多，人们发现 mu 介子与其他介子的性质不同，因此将其改名为μ介子。

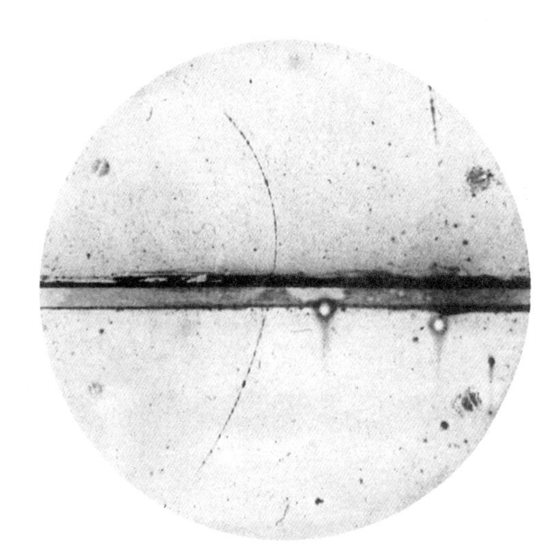

展现正电子的存在的云室图像

汤川秀树提出了一个将质子和中子束缚在原子核中的力

通往标准模型

到 1932 年，物理学家已经确定了原子是由三个粒子（电子、质子和中子）组成的，但仍有一些基本问题需要解决，其中尤为重要的是使原子核结合在一起的粒子。为什么原子核中带正电的质子不会互相排斥？20 世纪 60 年代，人们已经发现了数百个亚原子粒子，情况在不久后变得更加复杂。为了易于管理，物理学家开始将粒子分类：强子中包括重子和介子，重子也就是较重的粒子（如质子和中子）及其相应的反粒子，介子质量中等，轻子质量较轻，电子和理论上存在但尚未观测到的中微子都属于轻子。怎样才能将这些粒子结合为一个整体呢？

发现中微子

1931 年，科学家就预测了中微子的存在，当时沃尔夫冈·泡利（Wolfgang Pauli）从理论上推导出未知粒子的存在，以解释他在放射性衰变研究中发现的明显的能量和动量损失。1956 年，物理学家弗雷德里克·莱因斯（Frederick Reines）和克莱德·科温（Clyde Cowan）在南卡罗来纳州的一个核反应堆进行实验时，首次发现了中微子。现在我们知道，中微子无处不在，渗透在宇宙中的所有事物中。每秒都有超过 1000 亿个中微子穿过我们的身体，它们几乎不与其他粒子相互作用，并且可以不受干扰地穿过地球。中微子有三种类型：电子中微子、μ中微子和τ中微子，其中电子中微子是最早被发现的。

夸克与八重道

1962 年，盖尔曼和尤瓦尔·内曼提出了一种方案，解决了困扰物理学家的粒子不断增加的问题。他们基于被称为 SU（3）的数学对称性，设计了一种将强子分类的方案，并将其称为“八重道”。

八重道就像化学家使用的元素周期表一样，可用于描述和分类已发现的粒子的特性，如质子的磁性，并能预测粒子尚未被发现的特性。这一切都基于盖尔曼在 1964 年提出的三个新的基本粒子，他称之为夸克。乔治·茨威格（Georg Zweig）在 1964 年也提出了同样的观点，称他的粒子为“埃斯”（Aces）。20 世纪 60 年代末，在斯坦福直线加速器中心进行的实验证实了夸克的存在。

夸克和轻子是构成物质的基础。据说，夸克有六“味”——上、下、粲、奇、顶和底——它们的组合可以用于解释物理学中已知的 200 多种介子和重子。夸克具有分数电荷，上夸克的电荷为+2/3，下夸克的电荷为−1/3。我们熟悉的质子和中子是由三个上下夸克构成的（分别为上上下，总电荷为+1；上下下，总电荷为 0）。将夸克黏合在一起的力（被称为色力）是非常强大的，所以夸克从未被单独检测到。描述夸克之间相互作用的理论被称为量子色动力学。

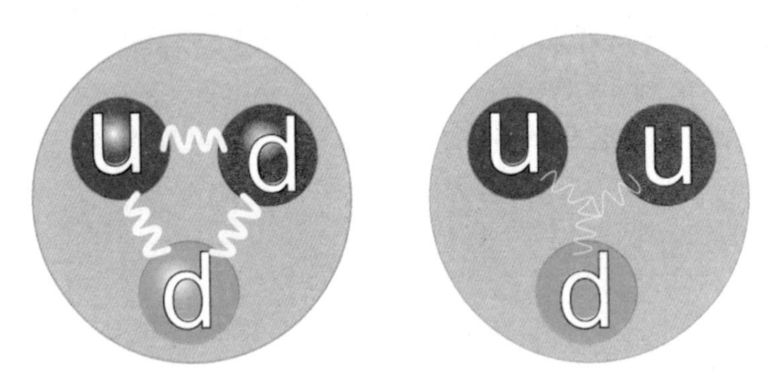

中子（左）和质子（右）的夸克结构

标准模型

20 世纪 70 年代初开发的标准模型是一种数学模型，旨在将我们对粒子和力的所有认知汇总为一个连贯的整体。它假定宇宙中的一切都是由 31 个基本单元组成的，被称为基本粒子，它们之间的相互作用由四个基本力控制。

基本力作用于不同的范围，具有不同的强度。引力是最弱的，但范围是无限的。电磁力的范围也是无限的，但比引力强很多倍。弱力和强力仅在亚原子粒子的层面上有效。弱力实际上比引力强得多，但比电磁力弱。

顾名思义，强力是四种力中最强的。

在 20 世纪 40 年代，出现了一种理论，它根据量子场及由这些场的波动产生的电子和光子来解释电磁力。这就是量子电动力学（QED），它能够解释光与物质的相互作用及电磁力的作用。量子电动力学的思想已扩展到其他基本力领域：强核力（将原子核束缚在一起，阻止质子飞散）和弱核力（描述原子如何衰变和产生辐射）。强核力被认为是夸克色力的残余效应，延伸到质子或中子的边界之外。这些力来自物质粒子间传递力的粒子的交换，就像电磁场具有光子一样，色力和强核力具有胶子，而弱力具有 W 粒子和 Z 粒子。力载体粒子属于被称为“玻色子”的一组粒子。物质粒子通过相互交换玻色子来传递能量。

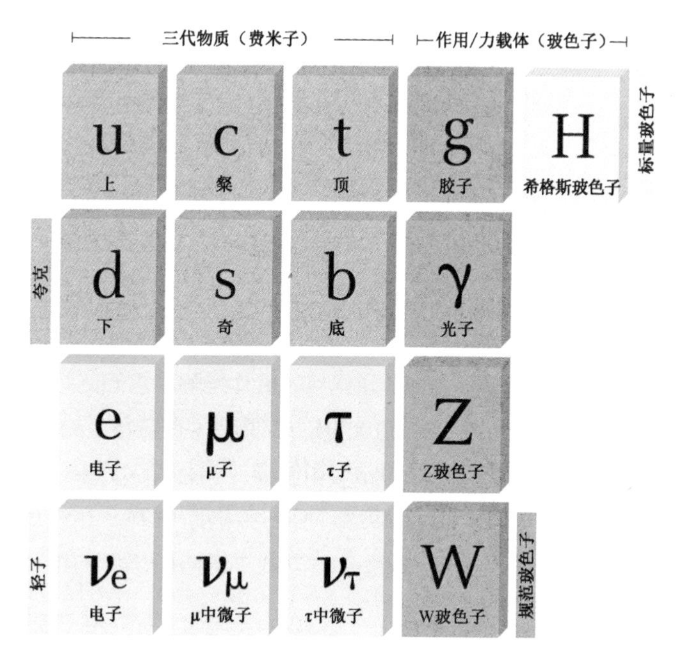

标准模型中的基本粒子

虽然“引力子”从未被检测到，但它在理论上是引力的载体粒子。在原子的尺度上，引力的影响可忽略不计。在人类和星系的宏观尺度下，引力才是最重要的。在标准模型中，原子世界的量子规则和宏观世界的广义相对论无法成为在数学上相容的整体。标准模型可以解释很多事情，但它最大的缺点是无法适应我们最熟悉的力：引力。

寻找希格斯玻色子

诺贝尔奖获得者斯蒂芬·温伯格（Steven Weinberg）、阿卜杜勒·萨拉姆（Abdus Salam）和谢尔登·格拉肖（Sheldon Glashow）在 20 世纪 60 年代曾预言负责传递弱力粒子的是 W 玻色子和 Z 玻色子。弱力触发核聚变，让恒星发光。1963 年，格拉肖、萨拉姆和温伯格建议将弱核力和电磁力合并为电弱力。他们预测这种力将存在于类似大爆炸之后不久的能量和温度水平上，那时宇宙会从超稠密的亚原子状态迅速膨胀。1983 年，CERN 的物理学家利用粒子加速器达到了这种温度，表明电磁力和弱核力确实相关。

然而，要想统一力的方程式，承载力的颗粒就应该是无质量的，光子确实如此，但 W 玻色子和 Z 玻色子必须具有重量才能解决它们的短距离作用问题，实际上它们的质量是质子的近 100 倍。罗伯特·布劳特（Robert Brout）、弗朗索瓦·恩格勒特（François Englert）和彼得·希格斯（Peter Higgs）提出了解决该问题的方法——布劳特-恩格勒特-希格斯机制。在该理论中，W 玻色子和 Z 玻色子通过与渗透到整个宇宙的“希格斯场”的相互作用而产生质量。

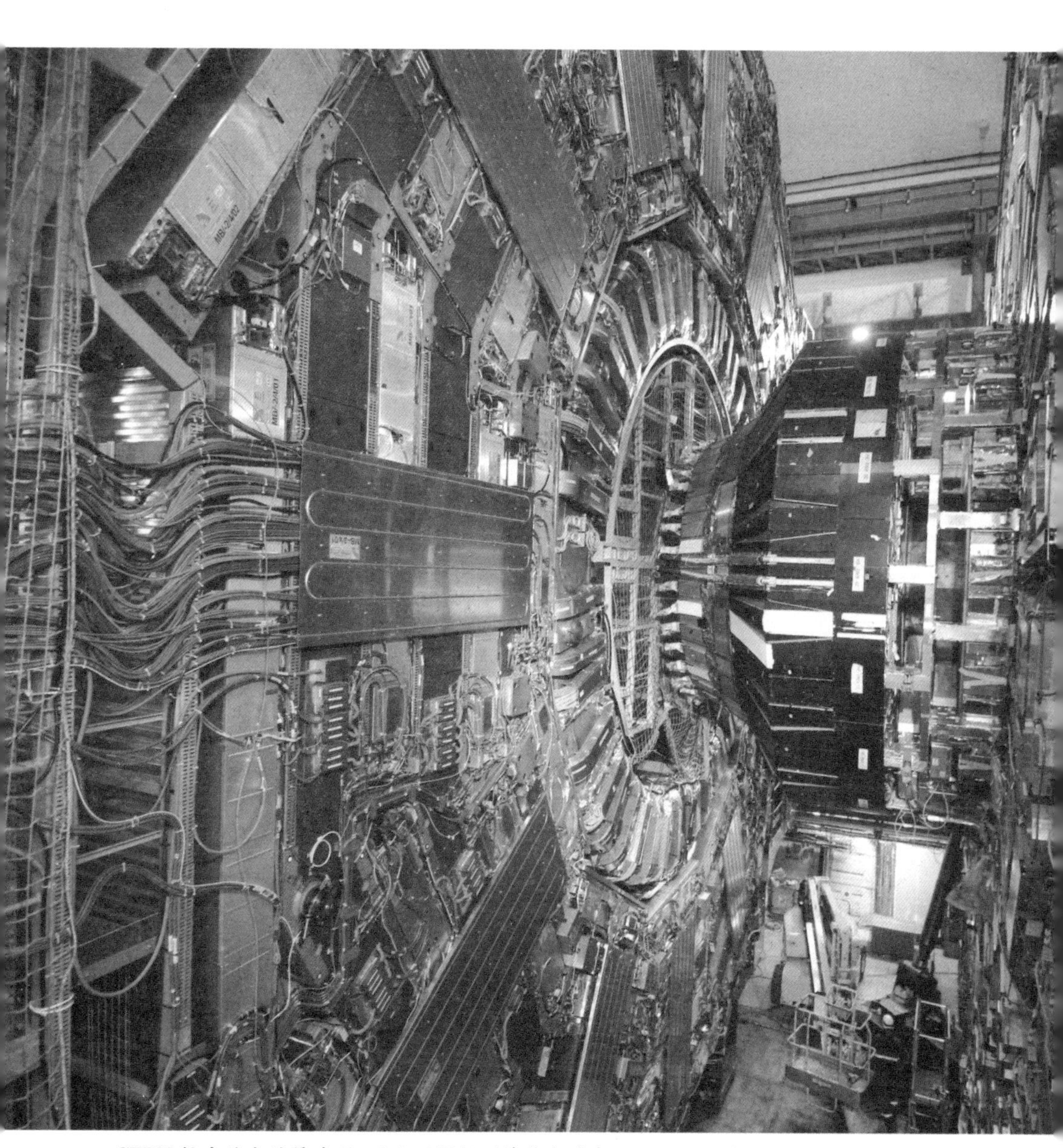

CERN 核实验室的紧凑型μ子电磁阀探测希格斯玻色子

粒子与希格斯场的相互作用越大，其质量就越大，粒子就越重。随着大爆炸之后宇宙的冷却和膨胀，希格斯场也随之增长。光子之类的粒子不会与之相互作用，也完全没有质量。与所有基本场一样，希格斯场具有一个相关的力载粒子——希格斯玻色子，但是它能被找到吗？

2012 年 7 月 4 日，CERN 大型强子对撞机的科学家宣布，他们观测到一种特性与希格斯玻色子一致的新粒子。两个团队分开研究，不互相讨论结果，以确保研究结果是准确的。要想找到希格斯玻色子还需要进行很多年的研究，截至 2019 年，CERN 仍在继续验证观测结果。

2013 年 10 月 8 日，恩格勒特和希格斯共同获得了诺贝尔物理学奖，他们的研究有助于我们了解亚原子粒子质量的起源。CERN 的两个强子对撞实验项目——ATLAS 和 CMS 观测到的粒子的许多特征与希格斯玻色子一致，更多数据分析表明，它就是希格斯玻色子。

反物质在哪里？

自从 1932 年发现正电子以来，科学家确认所有物质都具有相应的反物质。反物质粒子与相应物质粒子具有相同的质量，在电荷等特性上相反。物质粒子和反物质粒子总会成对产生，如果它们彼此接触，那么会以光子的形式转化为能量并湮灭。根据理论，大爆炸本来应该创造出等量的物质和反物质，但是出于某种原因，足够多的物质被留下来了，今天我们所看到的一切都由物质组成。所有的反物质都去了哪里？物理学上最大的挑战之一就是解释宇宙中物质与反物质之间的不对称性，这与以前人们公认的自然的基本对称性质不符。

CP 对称具有两个组成部分：电荷共轭（C）和宇称（P）。电荷共轭将粒子转化为其相应的反粒子，将物质映射为反物质。根据电荷共轭对称性，物理定律同样适用于粒子和反粒子。宇称反转空间坐标。将 P 应用于以速度 v 从左到右移动的电子时，会反转其方向，因此它现在以速度 $-v$ 从右到左移动。宇称守恒意味着反应的镜像以相同的速率发生——如果有粒子向右上方发射，那么等量的粒子会向左下方发射。将 CP 应用于物质会得到相应的反物质镜像。

在布鲁克海文国家实验室进行的实验中产生了违反 CP 对称的现象

1964 年，物理学家詹姆斯·克罗宁（James Cronin）和瓦尔·菲奇（Val Fitch）发现了令人惊讶的现象，即由奇夸克和下反夸克形成的中性 K 介子不遵守 CP 对称。中性 K 介子可以转变成其反粒子（每个夸克都被其相反粒子取代），但每次发生的概率不同，这种差异很小，只有千分之一，但这足以证明物质和反物质之间的差异，对称性遭到了破坏。克罗宁和菲奇因其研究获得了 1980 年的诺贝尔奖。

1972 年，日本理论物理学家小林诚和益川敏英提出存在六种夸克，并将违反 CP 对称的现象纳入标准模型。在六个夸克的体系里，量子混合将产生非常罕见的违反 CP 对称的衰变。他们的预测分别在 1977 年和 1995 年被发现的底夸克和顶夸克所证实。不幸的是，该理论仍无法对宇宙中的物质的量提供完整的解释，其预测仍比实际观测低数个数量级。有一些使物质多于反物质的隐藏的过程起了作用，这仍然是十分神秘的。

融合一切的理论

爱因斯坦的相对论提供了一个在大范围的恒星和星系上理解宇宙的框架，量子理论描述了原子尺度上的现象与机制，两种理论都已经经过实验测试，十分精确。但是问题在于，两者无法结合在一起。爱因斯坦在生命的最后 30 年中试图结合引力和电磁，但他失败了。在弱电相互作用时，电磁可以与弱核力结合。如今，物理学家推测，大爆炸之后不久，在高能的早期宇宙中，强核力与其他两种力联合在一起，在非常短暂的瞬间，引力也被卷入了其中。

目前，弦理论是所有试图统一一切的理论中最有希望的一个。它涵盖了微观尺度的引力理论，提供了对宇宙基本结构的一致性描述，并将四个基本力和标准模型的基本粒子结合在一起。1984 年 12 月，加利福尼亚理工学院的施瓦茨和伦敦皇后玛丽学院的格林发表了一篇论文，表明弦理论可以跨越广义相对论和量子力学间的数学鸿沟。

弦理论的核心思想是，标准模型的所有基本粒子实际上只是一个基本对象——弦的不同存在方式。迄今为止，人们已经将自然界的基本粒子——电子、夸克和中微子——描绘成极其微小的、没有内部结构的物体。弦理

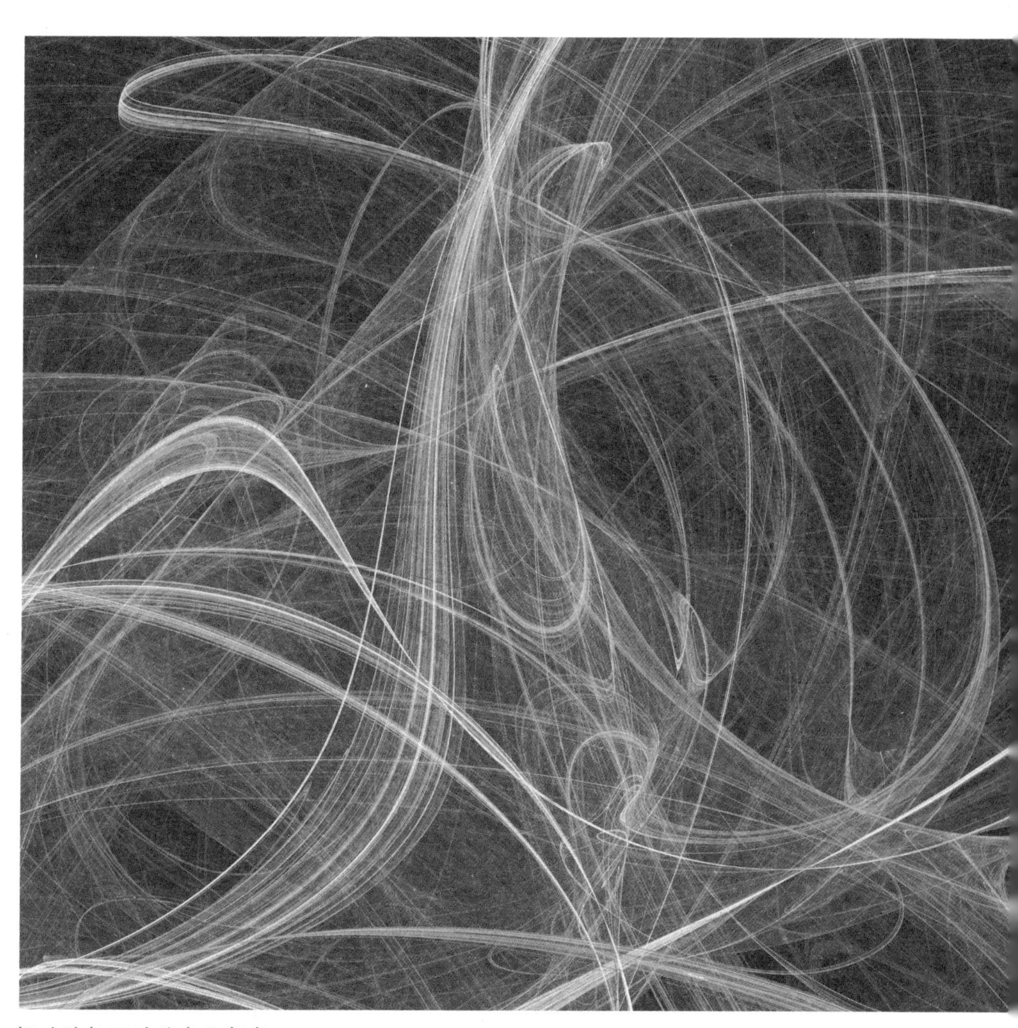

振动的超弦的艺术化想象

论对此提出质疑，在弦理论下，每个粒子的中心都有一条细小的、振动的弦状细丝。一个粒子与另一个粒子之间的差异——质量、电荷和其他特性——都取决于其内部弦的振动。就像熟练的小提琴手会弹奏令人着迷的旋律一样，自然界通过一维亚原子串弦频率的变化构成原子域的所有粒子。有趣的是，弦产生的“音符”之一对应着引力子，而引力子是一种假设的粒子，它将引力从一个位置传递到另一个位置，就像光子之于电磁力。

有没有证据表明弦具有现实基础？根据数学，弦要比世界上最强大的粒子加速器发现的所有东西都要小一万亿倍。根据物理学家布赖恩·格林（Brian Greene）所言，要想看到这些弦，就需要一个“银河系大小的粒子对撞机”。

超对称理论

由崎田文二和意大利人布鲁诺·朱米诺（Bruno Zumino）等物理学家支持的超对称理论（SUSY）假定，标准模型中每个粒子成员都有一个较重的“双胞胎”，如夸克与超对称夸克。如果超对称理论是正确的，那么这些超级“双胞胎”可能是暗物质的来源。SUSY 是弦理论的重要特征。

弦理论的复杂之处在于它的方程需要额外的空间维度才能起作用。1918 年，赫尔曼·外尔（Hermann Weyl）提出了一种基于爱因斯坦广义相对论中发展的弯曲空间的几何推广方案。后来，西奥多·卡鲁扎（Theodor Kaluza）表明，如果将时空扩展到五个维度，那么其中四个维度将涵盖爱因斯坦的广义相对论方程，而第五个维度将等同于麦克斯韦的电磁方程。奥斯卡·克莱因（Oskar Klein）表明，第五个维度的尺寸将缩小到无法被检测到的程度。弦理论家提出了这些想法，并提出宇宙具有三个大维度，但是可能还有其他令人难以置信的微小而紧凑的维度，它们超出了可检测的范围，缠绕在“正常”的三个维度之内。

一些理论家提出，由于弦线如此微小，因此它们不仅会在大维度上振动，而且还会在小维度上振动。他们大胆预测，由于我们可以通过实验检测到的基本粒子的属性取决于弦的振动，而振动又取决于额外维度的形状，所以通向这些神秘维度的方式可能存在。

我们对宇宙的了解基于四个基本属性——空间、时间、质量和能量。爱因斯坦对引力的解释是，它是时空因质量和能量的存在而弯曲的结果。1971 年，斯蒂芬·霍金提出了霍金辐射，黑洞通过该形式慢慢蒸发，他证明了时空的大扭曲会产生质能（根据爱因斯坦的观点，质量和能量是同一事物的两种不同形式）。

那么，如果质能可以扭曲时空且时空扭曲会产生质能——那么哪个先出现？如果它们在大爆炸中同时出现，那么它们又是由什么产生的呢？宇宙中比空间、时间、质量和能量更基本的东西是什么？没有人知道答案，也没有人知道问题本身是否具有意义。

最深的黑暗

大爆炸会导致宇宙膨胀。一个问题是：这种膨胀是永远持续下去，还是最终会放缓甚至逆转？从理论上讲，引力会在某个时候开始降低膨胀的速度，但实际上可能并非如此。令科学家惊讶的是，哈勃太空望远镜的观测表明，目前宇宙的膨胀速度实际上比过去更快，人们很难进行解释。虽然答案仍然迷雾重重，但它有了一个名字——暗能量。

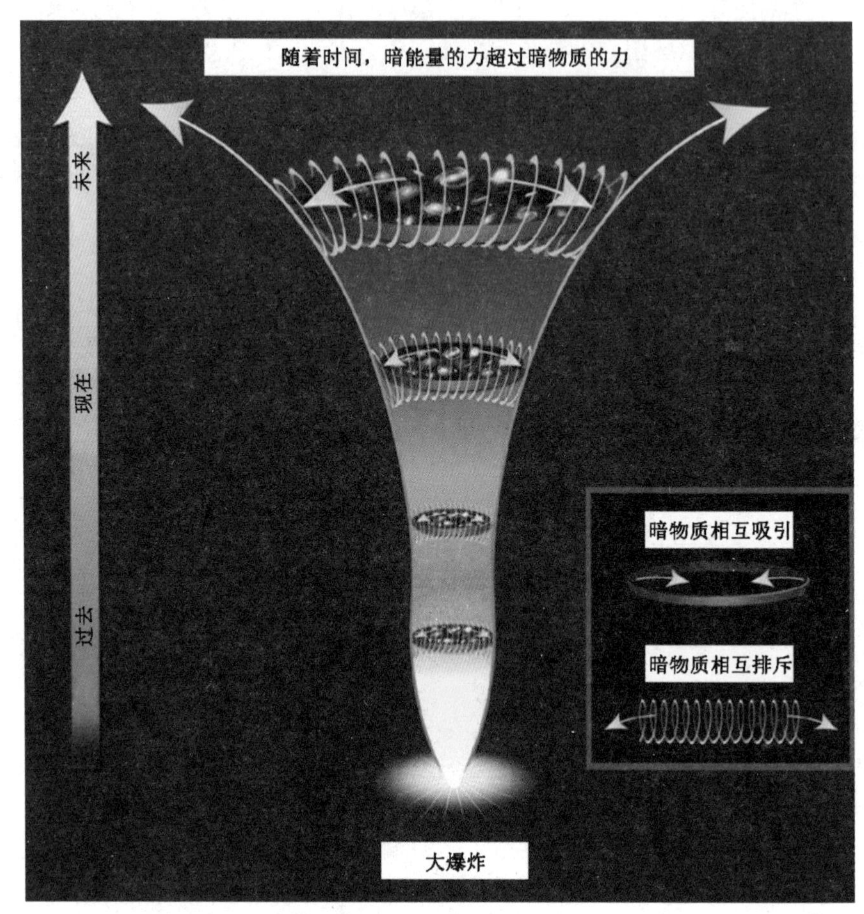

暗物质使宇宙扩张的趋势胜于使其收缩的趋势

目前，物理学家还不知道暗能量实际上是什么，不过他们知道暗能量到底有多少。根据膨胀的加速度，宇宙的 68%（超过 2/3）由暗能量组成。一种解释是暗能量是空间的一种特性。空间不会等着宇宙膨胀，宇宙膨胀创造了空间，而空间结构中固有的能量使宇宙以自我延续的方式越来越快地膨胀。空间如何获取能量？一种解释来自量子理论。在量子理论中，暂

碰撞的星系团图像中的蓝色区域显示，只有通过其引力影响才能检测到看不见的暗物质的所在位置

时存在的“虚拟”粒子会突然出现或消失。不幸的是，当物理学家进行计算时，答案与实际情况相差了 10^{120} 倍。

还有一种可能性，那就是爱因斯坦弄错了，广义相对论在某种程度上存在重大缺陷，我们需要让一种新的引力理论更好地适应不断膨胀的宇宙。

也许有一天，某个人会纠正爱因斯坦，正如爱因斯坦纠正了牛顿，但目前无人能做到这一点。

在暗能量的奥秘之上，还有一个宇宙学难题——暗物质。1933年，天文学家兹威基对星系运动进行的研究表明，大量的星系无法被检测到。他通过进一步的观察得出结论，宇宙的27%由暗物质组成，再加上由暗能量组成的68%，剩下的仅占5%，而那5%就是宇宙中我们全部可观测和可知的部分。本书中的所有思想、理论和发现仅适用于宇宙的1/20，其余部分隐藏在黑暗之中。

版权贸易合同登记号　图字: 01-2020-6533

图书在版编目（CIP）数据

格物致理：改变世界的物理学突破 /（英）罗伯特 • 斯奈登（Robert Snedden）著；何佳茗，何万青译. —北京：电子工业出版社，2021.6
书名原文: GREAT BREAKTHROUGHS IN PHYSICS: How the study of matter and its motion changed the world
ISBN 978-7-121-41177-9

Ⅰ. ①格…　Ⅱ. ①罗…　②何…　③何…　Ⅲ. ①物理学一普及读物　Ⅳ. ①O4-49

中国版本图书馆 CIP 数据核字（2021）第 090470 号

责任编辑：黄　菲　　文字编辑：刘　甜　　特约编辑：白俊红
印　　刷：北京富诚彩色印刷有限公司
装　　订：北京富诚彩色印刷有限公司
出版发行：电子工业出版社
北京市海淀区万寿路 173 信箱　　邮编：100036
开　　本：720×1 000　1/16　印张：15　　字数：216 千字
版　　次：2021 年 6 月第 1 版
印　　次：2024 年 3 月第 3 次印刷
定　　价：88.00 元

凡所购买电子工业出版社图书有缺损问题，请向购买书店调换。若书店售缺，请与本社发行部联系，联系及邮购电话：(010)88254888，88258888。
质量投诉请发邮件至 zlts@phei.com.cn，盗版侵权举报请发邮件至 dbqq@phei.com.cn。
本书咨询联系方式：1024004410（QQ）。